提升自我，拯救万千心灵的人生修炼课。

如何战胜
人性的弱点

连山 / 编著

吉林文史出版社
JILIN WENSHI CHUBANSHE

图书在版编目（CIP）数据

如何战胜人性的弱点 / 连山编著. -- 长春：吉林文史出版社，2019.2（2023.9 重印）

ISBN 978-7-5472-5839-2

Ⅰ.①如… Ⅱ.①连… Ⅲ.①成功心理-通俗读物Ⅳ.①B848-49

中国版本图书馆CIP数据核字(2019)第022190号

如何战胜人性的弱点

出 版 人　孙建军

编 著 者　连　山

责任编辑　弭　兰　张　蕊

封面设计　韩立强

图片提供　摄图网

出版发行　吉林文史出版社有限责任公司

地　　址　长春市人民大街4646号

网　　址　www.jlws.com.cn

印　　刷　天津海德伟业印务有限公司

版　　次　2019年2月第1版　2023年9月第3次印刷

开　　本　880mm×1230mm　1/32

字　　数　130千

印　　张　6

书　　号　ISBN 978-7-5472-5839-2

定　　价　32.00元

世界上有两种截然不同的人。一种人缺乏自信，总是被环境所支配，也会被他人的评价所影响，经不起外界哪怕最微弱的质疑，不敢做真实的自己，总是活在别人的阴影里。这种人因为没有战胜人性的弱点，内心非常弱小，无法承受一点委屈，当被人误解和冤枉时，就会感觉心里很受伤。他们往往最终会沦为失败者。另一种人恰恰相反，他们目光远大，心胸开阔；他们敢于坚持自己内心的想法，胜不骄败不馁，更不轻易为别人所动。这种人战胜了人性的弱点，内心十分强大，可以战胜一切恐惧与悲观，谁都无法真正伤到他们，更无法打倒他们。这种人往往或早或迟会成为人群中的佼佼者、成功者。

在现代社会中，一个人的精神力量已经成为竞争的制胜武器，专业知识的拥有很容易，技能的完善也不难，只有精神力量才是体现一个人价值的重要因素。精神力量是学历、经验、人格和内在精神的总和，精神力量比教育、金钱、环境更重要。在精神力量的驱动下，我们常常会激发自身的无限潜能，而这种潜能，如果被正确地运用，结果会远远超出我们最美好的构想。有人说，就算我们到最后什么都失去了，但至少我们还能以踏踏实实的心态去生活。的确，精神力量永远是你成功的基石。无论你想要金钱、权力，还是想要幸福的家庭，只要你战胜人性的弱点，你就什么都可以得到。在未来的人生和世界里，精神力量是最根本的竞争力。

一切成功都从战胜人性的弱点开始，外在世界的成就不过是内心世界成就的倒影。只有心理上变得强大起来，你才能战胜外在的困境。世上最宝贵的财富不在别处，就在陪伴我们一生的心灵之中。战胜人性的弱点，唤醒内在的强大力量，激发正面思维的能量，是我们一生的心灵修炼。本书在深入揭示导致现代人内心弱小的根源的基础上，从情绪掌控、性格优化、心态修炼、习惯养成、放大格局、打败拖延等方面教会人们如何战胜人性的弱点，做内心强大的自己。真正的强者在于内心的强大。一个内心强大的人，才能真正无所畏惧。也只有内心强大，我们在生活中才会处之泰然、宠辱不惊，不论外界有多少诱惑多少挫折，都心无旁骛，依然固守着内心那份坚定。

成为内心强大的人对于我们每个人一生的成败都有着至关重要的意义，为此，本书深入挖掘了现代人内心弱小的根源，全面揭示了战胜人性弱点的方法，帮助读者塑造一个全新的自己，拥有一颗强大的内心，勇敢地开启自己新的人生之路。但愿本书能成为你人生路上的良师益友，为你解读困惑，指点迷津。

目 录
CONTENTS

第五章　战胜思维的弱点——当世界无法改变，就改变自己

第六章　战胜交际的弱点——决定你上限的不是能力，而是格局

第七章　战胜行为的弱点——不拖延，你也可以成功

第一章
战胜情绪的弱点
——优秀的人从不会输给情绪

ruhe zhansheng
renxing de
ruodian

与沮丧为伍，人生就会成为一场噩梦

美国著名作家海明威的生活经历中，充满了紧张与压力，他的内心经受着剧烈痛苦而复杂纷呈的变化。他企图利用各种各样的方式摆脱和逃避沮丧的情绪，如不停歇地旅行冒险，寻求各种刺激的生活等。他在身体上企求生存，在心理上却渴望死亡。小说《老人与海》的主人公桑提亚哥在海上与鲨鱼搏斗的经历与内心活动诠释了这一矛盾的心态。

打鱼老头儿连续 84 天在海上一条鱼也未捕到。第 85 天出海，经历了三天两夜的搏斗，终于捕到一条巨大肥硕的大马林鱼，归途中却不断遭到鲨鱼的袭击。为不使马林鱼被鲨鱼吃掉，老人奋力还击，凭着超人的勇气和力量，一次次把凶残的鲨鱼击退，但最终船上的马林鱼只剩下一副骨架。尽管老人失败了，但"你尽可能把他消灭掉，可就是打不败他"。老人的内心独白，简直是海明威一生的写照。作家诺曼·迈勒鲁入木三分地剖析道："海明威这种漂泊不定的生活之真正的根源，是他的一生都在跟沮丧、恐惧和自杀的念头作斗争。他的内心世界犹如一场噩梦。他的夜晚是在同死神的搏斗中度过的。"

为挣脱焦虑与沮丧的罗网，海明威寻求女人与烈酒的刺激，他跟许多女人有过关系，结过多次婚，搬过很多次家；饮酒从红葡萄酒到威士忌，最后到伏特加，但是仍无济于事。他像只被凶恶老雕穷追不舍的猎物，被追得走投无路、无处躲藏。在1961年夏天的一天，海明威终因沮丧的困扰而用子弹结束了其顽强拼搏的一生。

倘若遇到一点儿困难或者挫折，就长吁短叹，消沉绝望，觉得那些光明、美丽的希望似乎都与自己断绝了关系，这与现代人应该具备的自信气质和宽广胸怀是格格不入的，必须引起人们的警觉和注意。

仇恨的阴影下不会有多彩的天空

我们常常在自己的脑子里预设一些规定，以为别人应该有什么样的行为，如果对方违反规定就会引起我们的怨恨。其实，因为别人对"我们"的规定置之不理就感到怨恨，是一件十分可笑的事。大多数人都一直以为，只要我们不原谅对方，就可以让对方得到一些教训，也就是说，只要我不原谅你，你就没有好日子过。而实际上，不原谅别人，表面上是那人不好，其实真正倒霉的人却是我们自己，生一肚子窝囊气不说，甚至连觉都睡不好。

这样看来，报复不仅让我们不能实现对别人的打击，反倒对自己的内心是一种摧残。

有一位好莱坞的女演员，失恋后，怨恨和报复心使她的面容变得僵硬而多皱，她去找一位最有名的美容师为她美容。这位美容师深知她的心理状态，中肯地告诉她："你如果不消除心中的怨和恨，对他人多一点儿包容，我敢说全世界任何美容师也无法美化你的容貌。"

对待自己的最好方式唯有宽容，宽容能抚慰你暴躁的心绪，弥补不幸对你的伤害，让你不再纠缠于心灵毒蛇的咬噬中，从而获得自由。

生活中，我们难免与别人产生误会、摩擦。如有的伤了自己的面子，有的让自己下不了台，有的当众给了自己难堪，有的对自己有成见，等等。如果不注意，仇恨在心底悄悄滋长，你的心灵就会背负上报复的重负而无法获得自由。

乔治·赫伯特说："不能宽容的人损坏了他自己必须去过的桥。"这句话的智慧在于，宽容使给予者和接受者都受益。当真正的宽容产生时，没有疮疤留下，没有伤害，没有复仇的念头，只有愈合。宽容是一种医治的力量，不仅能医治被宽容者的缺陷，还可以挖掘出宽容者身上的伟大之处，正如美国作家哈伯德所说："宽容和受宽容的难以言喻的快乐，是连神明都会为之羡慕的极大乐事。"

1944 年冬天，苏军已经把德军赶出了国门，上百万的德国兵被俘虏。一天，一队德国战俘从莫斯科大街上穿过，所有的马路上都挤满了人。她们每一个人，都和德国人有着一笔血债。

妇女们怀着满腔仇恨，当俘虏出现时，她们把手攥成了拳头。士兵和警察们竭尽全力阻挡着她们，生怕她们控制不住自己。

这时，最令人意想不到的事情发生了：一位上了年纪的犹太妇女，从怀里掏出一个用印花布方巾包裹的东西。里面是一块黑面包，她不好意思地把它塞到一个疲惫不堪的、几乎站不住的俘虏的衣袋里。

她转过身对那些充满仇恨的同胞们说："当这些人手持武器出现在战场上时，他们是敌人。可当他们解除了武装出现在街道上时，他们是跟所有别的人，跟'我们'和'自己'一样的人。"

于是，整个气氛改变了。妇女们从四面八方一齐拥向俘虏，把面包、香烟等各种东西塞给这些战俘。

仇恨是带有毁灭性的情感，只会激化矛盾，酿成大祸。宽容的心却能轻易将恨意化解，让紧张的气氛化成脉脉温情。能将宽容之心给予敌人，已经可以称得上圣洁了，即便只是一个贫苦的犹太老妇人，也完全担得起"伟大"两个字。

人生总有存在的意义，如果只为一个仇恨的目的而生存，那么仇恨会毁掉你的心智、迷惑你的眼睛、吞噬你的心灵。报复是一把双刃剑，它不但会伤害到别人，还会使你自己落入恨的陷阱，恨会使你看不到人间的关爱与温暖，即使在夏日也只能感受到严冬般的寒冷。

既然我们都举目共望同样的星空，既然我们都是同一星球的旅伴，既然我们都生活在同一片蓝天下，那我们为什么还总是彼此为敌呢？请不要忘记世间唯有两个字可使你和他人的生活多姿多彩，那就是宽容。

改掉忧虑的习惯，重拾快乐好心情

　　忧虑是一种过度忧愁和伤感的情绪体验。正常人也会有忧虑的时候，但如果是毫无原因的忧虑，或虽有原因，但不能自控，显得心事重重、愁眉苦脸，就属于心理性忧虑了。

　　忧虑在情绪上表现为强烈而持久的悲伤，觉得心情压抑和苦闷，并伴随着焦虑、烦躁及易激怒等反应。在认识上表现出负性的自我评价，感到自己没有价值，生活没有意义，对未来悲观。还表现在对各种事物缺乏兴趣，依赖性增强，活动水平下降，回避与他人交往，并伴有自卑感，严重者还会产生自杀想法。

　　忧虑会使一个人老得更快，摧毁他的容貌，甚至对其健康产生严重威胁。所以说，过度忧虑不可取。凡事退一步想，不要耿耿于怀，忧虑就会减少。

　　黄昏时刻，一个旅行者在森林中迷了路。天色渐渐暗了，黑暗的恐惧和危险，一步步逼近。他心里明白：只要一步走错，就有掉入深渊或陷入泥沼的可能。还有潜伏在树丛后面饥饿的野兽，正虎视眈眈注意着他的动静，一场狂风暴雨般的恐怖正威胁着他。

这时，凄暗的夜空中，几颗微弱的星光，似乎带来了一线光明，却又不时地消失在黑暗里，留给人迷茫。

突然间，旅行者眼前出现一位流浪汉，他不禁欢欣雀跃，上前叫住，探询出去的路。这位陌生的流浪汉很友善地答应帮助他。可他发现这位陌生人和他一样迷路了。于是他失望地离开了，再一次回到自己的路线上来。不久，他又碰上了第二个陌生人，那人肯定地说他拥有逃出森林的地图，他跟随这个人走，终于发现这是一个自欺欺人的人，其地图只不过是其自我欺骗情绪的结果而已。

于是他陷入深深的绝望之中，他曾经竭力问他们有关走出森林的知识，但他们的眼神后面隐藏着忧虑和不安，他知道：他们和他一样迷茫。他漫无目的地走着，一路的惊慌和失误，使他由彷徨、失落到恐惧。无意间，当他把手插入口袋时，他找到了一张正确的地图。

他若有所悟地笑了：原来它始终就在这里，只要从自己身上寻找就行了。他忙着询问别人，却忽略了最重要的事——回到自己身上找。

同样的道理，每个人都有一份引导情绪的地图，指引自己离开忧虑和沮丧的黑森林。因此，情绪性的忧虑是多余的。一个总是被忧虑困扰的人需要的是：

1. 不要把忧虑和恐惧隐藏在心中。

许多人感到忧虑与不安时，总是深藏在心里，不肯坦白说出来。其实，这种办法是很愚蠢的。内心有忧虑烦恼，应该尽量坦白讲出来，这不但可以给自己从心理上找一条出路，而且有助于恢复理智，把不必要的忧虑除去，同时找出消除忧虑、抵抗恐惧的方法。

2. 不要怕困难。

人遇到困难，往往是成功的先兆，只有不怕困难的人，才可以战胜忧虑和恐惧。

当然，消除忧虑的办法是始终存在的，但是人需要靠自己的能力消除恐惧，不能随便听信他人。如保罗·泰利斯博士所言："在每个令人怀疑的深渊里，虽然感到绝望，但我们对真理追求的热情，依旧存在。不要放弃自己而依赖别人，纵使别人能解除你对真理的焦虑。不要因诱惑而导入一个不属于你自己的真理。"

生活中不如意之事很多，只要你善于把握自我，控制好自己的情绪，远离忧虑，自然就可以迎接阳光灿烂的每一天。

别被恐惧的魔鬼"附身"

恐惧能摧残一个人的意志和生命，它能影响人的胃、伤害人的修养、减少人的生理与精神的活力，进而破坏人的身体健康。

它能打破人的希望、消退人的志气，而使人的心力衰弱至不能创造或不能从事任何事业。在一个人的生活中，几乎没有比恐惧或者沮丧的念头更加折磨人的了。

卫斯里为了领略山间的野趣，一个人来到一片陌生的山林，左转右转，迷失了方向。正当他一筹莫展的时候，迎面走来了一个挑山货的美丽少女。

少女嫣然一笑，问道："先生是从景点那边迷失的吧？请跟我来吧，我带你抄小路往山下赶，那里有旅游公司的汽车在等着你。"

卫斯里跟着少女穿越丛林，阳光在林间映出千万道漂亮的光柱，晶莹的水汽在光柱里飘飘忽忽。正当他陶醉于这美妙的景致时，少女开口说话了："先生，前面就是我们这儿的鬼谷，是这片山林中最危险的路段，一不小心就会摔进万丈深渊。我们这儿的规矩是路过此地，一定要挑点儿或者扛点儿什么东西。"

卫斯里惊问："这么危险的地方，再负重前行，那不是更危险吗？"

少女笑了，解释道："只有你意识到危险了，才会更加集中精力，那样反而会更安全。这儿发生过好几起坠谷事件，都是迷路的游客在毫无压力的情况下一不小心摔下去的。我们每天都挑东西来来去去，却从来没人出事。"

卫斯里冒出一身冷汗，对少女的解释并不相信。他让少女先走，自己去寻找别的路，企图绕过鬼谷。

少女无奈，只好一个人走了。卫斯里在山间来回绕了两圈，也没有找到下山的路。

眼看天色将晚，卫斯里还在犹豫不决。夜里的山间极不安全，在山里过夜，他恐惧；过鬼谷下山，他也恐惧；况且，此时只有他一个人。

后来，山间又走来一个挑山货的少女。极度恐惧的卫斯里拦住少女，让她帮自己拿主意。少女沉默着将两根沉沉的木条递到卫斯里的手上。卫斯里胆战心惊地跟在少女身后，小心翼翼地走过了鬼谷。

过了一段时间，卫斯里故意挑着东西又走了一次鬼谷。这时，他才发现鬼谷没有想象中那么可怕，最可怕的是自己心中的"恐惧"。

恐惧是人生命情感中难解的症结之一。面对自然界和人类社会，生命的进程从来都不是一帆风顺、平安无事的，总会遭到各种各样、意想不到的挫折、失败和痛苦。当一个人预料将会有某种不良后果产生或受到威胁时，就会产生这种不愉快情绪，为此紧张不安，程度从轻微的忧虑到惊慌失措。现实生活中每个人都可能经历某种困难或危险的处境，从而体验不同程度的焦虑。恐惧作为一种生命情感的痛苦体验，是一种心理折磨。人们往往并不为已经到来的，或正在经历的事而惧怕，而是对结果的预感产生恐慌，人们生怕无助、生怕排斥、生怕孤独、生怕伤害、生怕死亡的突然降临；同时人们也生怕失官、生怕失职、生怕失恋、生怕失亲、生怕声誉的瞬息失落。

马克·富莱顿说:"人的内心隐藏任何一点儿恐惧,都会使他受到魔鬼的利用。"当人们的心中充满了恐惧的时候,就会变得不自信、盲从,看不清前面的路,也就失去了自我的评判标准。因为恐惧,人们会失去很多做大事的机缘,停止住了探索的脚步。所以,我们一定要忘记心中的恐惧,大胆地前行。只有这样,我们才不会因为胆怯而错过了太多的机遇。

烦躁成不了大事,持重守静才是根本

　　稳重是轻率的根基,沉静是烦躁的主宰,非淡泊无以明志,非宁静无以致远,持重守静乃是抑制轻率躁动的根本。故而简默沉静者,大用有余;轻薄浮躁者,小用不足。

　　烦躁就是种种杂念惑乱了我们的心,蒙蔽了我们对事物整体的理智见识,从而忽视或排斥了理性而任由感情发泄。言轻则招忧,行轻则招辜,貌轻则招辱,好轻则招淫,轻忽烦躁乃为人之大忌。烦躁的对立面是认真、稳定、踏实、深入。无论是治学、为人,还是做事、管理,如果你能远离浮华躁动,梦想就会成为现实。

　　在华为公司,就有这样一个不躁动的优秀员工小刘。小刘刚进华为的时候,公司正提倡"博士下乡,下到生产一线去实习、去锻炼"。实习结束后，领导安排他从事电磁元件的工作。堂堂的电力电子专业博士理应干一些大项目，不想却坐了冷板凳，搞这种不起眼的小儿科，小刘实在有些想不通。想法归想法，工作还要进行。

就在小刘接手电磁元件的工作之后不久，公司电源产品不稳定的现象出现了，结果造成许多系统瘫痪，给客户和公司造成了巨大损失，受此影响公司丢失了 5000 万以上的订单。在这种严峻的形势下，研发部领导把解决该电磁元件问题故障的重任，交给了刚进公司不到三个月的小刘。在工程部领导和同事的支持与帮助下，小刘经过多次反复实验，逐渐清晰了设计思路。又经过60 天的日夜奋战，小刘硬是把电磁元件这块硬骨头啃下来了，使该电磁元件的市场故障率从 18% 降为零，而且每年节约成本 110 万元。现在，公司所有的电源系统都采用这种电磁元件，时过近两年，再未出现任何故障。

这之后，小刘又在基层实践中主动、自觉地优化设计和改进了 100A 的主变压器，使每个变压器的成本由原来 750 元降为350 元，且消除了独家供应商，减小了体积和重量，每年为公司节约成本 250 万元，并对公司的产品战略决策提供了依据。

小小的电磁元件这件事对小刘的触动特别大，他不无感慨地说："貌似渺小的电磁元件，大家没有去重视，结果我这样起初'气吞山河'似的'英雄'在其面前也屡次受挫、饱受煎熬，坐了两个月冷板凳之后，才将这件小事搞透。现在看起来，之所以出现故障，不就是因为绕线太细、匝数太多了吗？把绕线加粗、匝数减少不就行了？而我们往往一开始就只想干大事，而看不起小事，结果是小事不愿干，大事也干不好，最后只能是大家在这些小事面前束手无策、慌了手脚。当年苏联的载人航天飞机在太空爆炸，不就是因为将一行程序里的一个小数点错写成逗号而造成的吗？电磁元件虽小，里面却有大学问。更为重要的是它是我们电源产品的核心部件，其作用举足轻重，得要潜下心、冷静下来，否则不能将貌似小小的电磁元件弄透、搞明白。

"做大事，必先从小事做起，先坐冷板凳，否则，在我们成长与发展的道路上就要做夹生饭。现在看来，当初领导让我做小事、坐冷板凳是对的，而自己又能够坚持下来也是对的。有专家说：'我们有许多研究学术的、搞创作的，吃亏在耐不住寂寞，内心躁动，浮夸，总是怕别人忘记了他。由于这些毛病，就不能深入地做学问，不能勤学苦练。'这段话推而广之，适合于各行各业和各类人员，凡想做点儿事情的人，都应该先学会耐得住寂寞，控制自己躁动烦恼的心，先学会坐冷板凳，先学会做小事，然后才能做大事，才能取得更大的业绩和成效。"

看完小刘的故事，再回过头来看老子"轻则失本，躁则失君"这句话，我们会更加明确地知道，老子是想给我们这样的忠告：不管你的能力有多强，无论是生活还是工作，都必须从一点一滴做起。想要成功，唯一的方法就是把现在的工作做好，在普通平凡的工作中创造奇迹。

排遣抑郁，让心灵沐浴阳光

每个人都有不快乐和心情不好的时候。抑郁是人们常见的情绪困扰，是一种感到无力应付外界压力而产生的消极情绪，常常伴有厌恶、痛苦、羞愧、自卑等情绪。它不分性别年龄，是大部分人都会经历的。对大多数人来说，抑郁只是偶尔出现，历时很短，很快就会消失；但有些人会经常地、迅速地陷入抑郁的状态而不能自拔。当抑郁持续下去，愈来愈严重，以致无法过正常的日子时，就会变成抑郁症。

在人的一生中，有三个时期较易得忧郁症，即青春期的后段、中年及退休后，老年人也较常出现忧郁症。忧郁的类型有两种：一种是由于精神受到打击而出现过度反应；另一种并没有特别的原因。

根据世界卫生组织统计，全世界有 3% 的人患有忧郁症。当然，大多数的人只是轻微地感到忧郁，还达不到抑郁症的严重程度，但这时也需要引起重视，调整心态和生活方式，防止抑郁变得更加严重。

自杀是抑郁症最危险的情况。社会自杀人群中可能有一半以上是抑郁症患者，有些不明原因的自杀者可能生前已患有严重的抑郁症，只不过没被及时发现罢了。由于自杀是在抑郁发展到严重程度时才发生的，所以尽早发现抑郁病症，尽早治疗。

人们都希望自己永久处于欢乐和幸福之中。然而，生活是错综复杂、千变万化的，经常会发生不愉快的事。频繁而持久地处于扫兴、生气、苦闷和悲哀之中的人必然会有健康问题。那么，心情不快时，应采取什么对策呢？

1. 学会宣泄。

要善于向知心朋友、家人诉说自己不愉快的事。当处于极其悲哀的痛苦中时，要学会哭泣。另外，多参加文体活动、写日记、写不寄出的信等，都可以帮助消除心理紧张，避免过度抑郁。

2. 生活有规律。

规律和安定的生活是忧郁症患者最需要的，早睡早起、按时起床、按时就寝、按时学习、按时锻炼等有规律的活动会简化你的生活，使你有更多的精力做别的事情，保持身心愉快。而多完成一件事，就会使人多一分成就感和价值感。

3. 亲近宠物。

有意饲养猫、狗、鸟、鱼等小动物及有意栽植花、草、果、菜等，有时能起到排遣烦恼的作用。遇到不如意的事时，主动与小动物亲近，小动物会逗人开心，与小动物交流几句便可使不平静的心很快平静。摘掉枯黄的花叶、浇浇菜或坐在葡萄架下品尝水果都可有效调整不良情绪。

4. 爱好执着。

人无爱好，生活单调。除少数执着追求自己本职事业者外，许多人能培养自己的业余爱好。集邮、打球、钓鱼、玩牌、跳舞等都能使业余生活丰富多彩。每当心情不好时，完全可一头扎到自己的爱好之中。

5.阳光及运动。

多接受阳光与运动对于缓解忧郁症有很好的帮助，多活动活动身体，可使心情得到意想不到的放松，阳光中的紫外线可或多或少改善一个人的心情。

6.扩大人际交往。

悲观的人周遭大部分都是悲观者，而乐观的人身边亦多为乐观者，因此要想改变命运，你必须要向乐观者学习。不要拘泥于自己的小天地，应该置身于集体之中，多与人沟通，多交朋友，尤其多和精力充沛、充满活力的人相处。这些洋溢着生命活力的人会使你更多地感受到光明和美好。

摒弃自卑，让内心充满自信的阳光

在现实生活中，自卑心理是非常普遍的，它可能产生在任何年龄段的任何人身上。比如：生理缺陷、家境贫寒、才智平平、事业发展不顺，都容易使人产生己不如人的主观意识，严重者甚至把悲观失望当成了人生的主题。还有些人，虽然经过奋力拼搏，工作有了成绩，事业上创造了辉煌，但总担心风光不长，容易产生前途渺茫、"四大皆空"的哀叹。一些中老年人随着年龄的增长，青春一去不复返，容易哀怨岁月的无情、惋惜红日的偏西。这些都是自卑心理。

自卑对人的心理发展有很大影响。心理学家阿德勒认为，每个人都有先天的生理或心理欠缺，这就决定了每个人的潜意识中都有自卑感存在。处理得好，会使自己超越自卑而寻求优越感，但处理不好就将演化成各种各样的心理障碍或心理疾病。另外，自卑容易销蚀人的斗志，就像一把潮湿的火柴，再也燃不起兴奋的火花。长期被自卑笼罩的人，不仅心理失去平衡，而且也会诱发生理失调和病变。最明显的是自卑对心血管系统和消化系统有不良影响。

因此，每个人都要努力克服自卑，树立自信，这样我们的生活中才会处处充满阳光。

1. 要能够正确评价自己。

如实看待自己的短处，也要看到自己的长处。切不可只看到自己不如人之处，而看不到自己优于他人之处。

2. 学会表现自己。

有自卑心理的人，不妨多做一些力所能及、把握较大的事情，即使很小，也不放弃取得成功的机会。任何大的成功都蓄积于小的成功之中，在成功中能不断增强自信心。

3. 要学会关注他人。

容易自卑的人，主要是缺乏集体情感。集体或群体的荣辱得失引不起他们的任何情绪变动，只有个人的失败才是他们关注的焦点。但现实总是不尽如人意的，总有某些方面你是不如别人的，如果总是过分关注自我，期待自己事事都比别人强，你总会发现自己的不足，从而感到自卑。但当你将目光多投向别人时，你会变得理智、客观、忘我，为集体的成功而欢笑，为他人的幸福而欣慰，那你的快乐就会成倍增加，你的自信会增强。因为当你具备集体情感时，你会发现集体、他人的成功里也有你的努力。

4. 要善于扬长避短。

"金无足赤，人无完人""寸有所长，尺有所短"。每个人都有自己的优点和缺点，要全面正确地评价自己，既不对自己的长处沾沾自喜，也不要盯住自己的短处顾影自怜。要善于发现和挖掘自己的优势，以弥补自己的不足。

5. 增强自信。

凡事都应有必胜的信心，自信是消除自卑的最好方法，因为自信会使你获得更多的成功。但在自信心的基础上，要有符合自己实际情况的"抱负水平"。过低不利激发斗志，过高易遭受失败。自卑者应打破过去那种"因为我不行——所以我不去做——反正我不行"的消极思维方式，建立起"因为我不行——所以我要努力——最终我一定会行"的积极思维方式。要正确而理性地认识自己，以坚强的勇气和毅力面对困难，用自信来清扫自卑的瓦砾。

无明怒火三千丈，唯伤人害己

遇到事情容易生气的人不仅很不利于自己解决问题，周围的人也会对其产生反感。在生活中我们总是会发现人们更愿意和那些比较随和一些的人打交道，而不是那些动不动就脸红脖子粗的人。

公共汽车上人不多，但也没有空位子，有几个人还站着，吊在拉手上晃来晃去。一个年轻人，身旁有几个大包，手里拿着一个地图在认真研究着，眼里不时露出茫然的神色。他犹豫了半天，很不好意思地问售票员："去颐和园应该在哪儿下车啊？"售票员是个短头发的小姑娘，正剔着指甲缝呢。她抬头看了一眼小伙儿，说："你坐错方向了，应该到对面往回坐。"要说这些话也没什么错，小伙儿下站下车到马路对面去坐也就是了！但是售票员可没说完，她又说："拿着地图都看不明白，还看个什么劲儿啊！"

外地小伙儿可是个有涵养的人，他"嘿嘿"笑了笑。旁边有个大爷可听不下去了，他对外地小伙儿说："你不用往回坐，再往前坐四站换 331 路能到。"要是他说到这儿也就完了，那还真不错，既帮助了别人，也挽回了北京人的形象。可大爷又说了一句："现在的年轻人呐，没一个有教养的！"

站在大爷旁边的一位小姐不爱听了："大爷，不能说年轻人都没教养吧，没教养的毕竟是少数嘛！"这位小姐显得真有教养——要不是又说了那最后一句话，"就像您这样上了年纪看着挺慈祥的，不也有很多不干好事的吗？"

马上就有几个老年人指责起了那位小姐……

这么吵着闹着车可就到站了。车门一开，售票员小姑娘说："都别吵了，该下车的赶快下车吧，别把自己正事儿给耽误了……再吵下去车可不走了啊！烦不烦啊！"

烦！不仅她烦，所有乘客都烦了！骂售票员的，骂外地小伙儿的，骂那位小姐的，骂天气的……别提多热闹了！

那个外地小伙儿一直没有说话，最后他实在受不了了，大叫道："别吵了！都是我的错，我自己没看好地图，让大家跟着都生一肚子气！大家就算给我个面子，都别吵了行吗？"听到他这么说，当然车上的人都不好意思再吵了，声音很快平息下来。可谁也想不到这小伙儿又来了一句话，"早知道都是这么一群不讲理的人，我还不如不来呢！"

这个故事让人看了不禁发笑，却又是我们在生活中常常遇到的事情。我们常常因为一些对自己不利的事情而生闷气，为什么老板总不给涨工资，为什么丈夫总是不理解自己，朋友为什么会在关键的时刻明哲保身，等等。这些事情会让我们的头脑一下子火药味十足。但这样的生气毫不利于解决任何问题，反而会让我们的头脑不清醒，甚至会做出一些让自己后悔终身的事情来。所以当你生气的时候尽量克制一下自己，重要的是找出解决问题的方法，而不是追究谁为什么这样，伤神也伤身。

那些因为生气而无谓的争执是毫无必要的，重要的是不要用生气不断地惩罚自己。

做情绪的主人，才能做生活的主角

很多人都读过《旧约》里约瑟的故事：

约瑟17岁时就被兄长卖至埃及，任何人处在同样的境遇下，都难免自怨自艾，并对出卖及奴役他的人愤愤不平。但约瑟不做此想，他专注于提升自己，不久便成了主人家的总管，掌管所有的产业，极获倚重。

后来他遭到诬陷，冤枉坐牢13年，可是依然不改其态，化怨恨为上进的动力。没过多久，整座监狱便在他的管理之下。到最后，掌管了整个埃及，成为法老之下、万人之上的大人物。

我们虽没有约瑟受奴役和被囚禁的经历，但是日常生活中的种种琐事，却使我们处在各种各样的不良情绪之中。想想约瑟的遭遇，就会知道不同的情绪将有不同的人生。

许多人都有过受累于情绪的经历，似乎烦恼、压抑、失落甚至痛苦总是接二连三地袭来，于是，频频抱怨生活对自己不公平，期盼某一天欢乐从天而降。但要记住，你永远不会是世界上最不幸的那个人，只要我们用积极乐观向上的态度去面对，生活终会向你展示出它温情脉脉的一面!

其实,喜怒哀乐是人之常情,想让自己生活中不出现一点儿烦心事是不可能的,关键是如何有效地调整、控制自己的情绪,做生活的主人,做情绪的主人。人们常说,生活是一面镜子,你对它笑,它便对你笑;你对它哭,它也对着你哭。我们想要拥有幸福快乐的人生,就要用一种乐观积极的情绪对待生活。

许多人都想控制自己的情绪,但遇到具体问题又总是知难而退:"控制情绪实在太难了。"言下之意就是:"我是无法控制情绪的。"别小看这些自我否定的话,这是一种严重的不良暗示,它可以毁灭你的意志,使你丧失战胜自我的决心。

输入自我控制的意识是开始驾驭自己的关键一步。

晓敏就不会控制自己的情绪,常常和同事发生矛盾。领导找她说话,她还不服气,甚至和领导争执。领导没有动怒,只是和她讲道理,她嘴上没有说,却早已心悦诚服。从此她有了自我控制的意识,经常提醒自己,主动调整情绪,自觉注意自己的言行。就在这种潜移默化中她拥有了一个健康而成熟的情绪。

其实调整控制情绪并没有你想象的那么难,只要掌握一些正确的方法,就可以很好地驾驭自己。控制情绪也是一个长期的过程,在平常就要把自己的心态调整好,把保持良好的情绪作为一种习惯。

1. 想法客观。

学会坦然面对生活中的一切,不对生活有过多的非分之想,不抱太多不切实际的幻想。给心理留一个放松的空间，用平淡的心态去接受身边发生的事。

2. 学会发泄。

每个人都会遇到许许多多的不如意，正所谓"人生不如意者，十有八九"。因此要想活得轻松快乐，就要找到适合自己的舒压方式，把心中的不良情绪及时发泄出来。

3. 生活热情。

平常要多参加一些户外的文体活动，多看一些轻松温馨的影视剧，多阅读一些时尚轻松的书籍杂志，让自己的思想见识跟上时代的发展；多发展一些兴趣爱好，不仅有助于消除不良情绪，还能帮助树立积极健康的心态，感受到生活更多的快乐。

4. 每天听半小时音乐。

优美的音乐对放松身心有着非常大的作用，每天抽出一点儿时间，泡杯茶，放松地坐下来，挑自己喜爱的音乐听上一会儿，对缓解情绪，平衡身心都有着非常积极的作用。

5. 学会控制自己的愤怒。

生活中我们都免不了遇到令自己愤怒的事，但是把愤怒全部发泄出来，对人对己都是没有任何好处的，所以，一定要控制住自己愤怒的情绪。当你觉得自己快要爆发的时候，先不要张口，在心里默默从一数到一百，然后再张口说话，对避免把谈话闹僵，会很有帮助的。甚至还有人说要从一数到三百后再张口，这要根据自己的愤怒程度，在心里给自己定个数。

可以转移情绪的活动有很多，你可以根据自己的兴趣爱好，以及外界事物对你的吸引来选择。例如，各种文体活动，与亲朋好友倾谈，阅读研究，琴棋书画，等等。总之，将情绪转移到有意义的事情上来，尽量避免不良情绪的强烈撞击，减少心理创伤，这样做非常有利于及时控制情绪。

　　情绪的转移关键是要主动积极，不要让自己在消极情绪中沉溺太久，立刻行动起来，你会发现自己完全可以战胜情绪，控制情绪，成为情绪的主人。

第二章

战胜心灵的弱点
——
做内心强大的自己

ruhe zhansheng
renxing de
ruodian

人生没有绝境，只有绝望

企业家卡尔森原是一个身无分文的穷光蛋，但是他从没对自己有一天能成为富翁产生过怀疑。即使在十分被动和不利的条件下，他依然能够顽强进取，积极寻找成功的机会。他这种积极的心态帮助了他，面对现状，他没有沮丧和气馁，而是力求向上，力求改变现状，这种心态终于使他创富成功。

有一次，卡尔森发现了一个商机。于是他借钱办了一个制造玩具沙漏的厂。沙漏是一种古董玩具，它在时钟未发明前用来测每日的时辰；时钟问世后，沙漏已完成它的历史使命，而卡尔森却把它作为一种古董来生产销售。本来，沙漏作为玩具，趣味性不多，孩子们自然不大喜欢它，因此销量很小。但卡尔森一时找不到其他比较适合的工作，只能继续干他的老本行。沙漏的需求量越来越少，卡尔森最后只得停产。但他并不气馁，他完全相信自己能够克服眼前的困难，于是他决定先好好休息，轻松一下，他便每天都找些娱乐项目，看看棒球赛，读读书，听听音乐，或者领着妻子、孩子外出旅游，但他的头脑一刻也没有停止思考。

机会终于来了，一天，卡尔森翻看一本讲赛马的书，书上说："马匹在现代社会里失去了它运输的功能，但是又以高娱乐价值的面目出现。"在这不引人注目的两行字里，卡尔森好像听到了上帝的声音，高兴得跳了起来。他想："赛马骑用的马匹比运货的马匹值钱。是啊！我应该找出沙漏的新用途！"就这样，从书中偶得的灵感，使卡尔森精神重新振奋起来，把心思又全都放到沙漏上。经过几天苦苦的思索，一个构思浮现在他的脑海：做个限时3分钟的沙漏，在3分钟内，沙漏里的沙子就会完全落到下面来，把它装在电话机旁，这样打长途电话时就不会超过3分钟，电话费就可以有效地控制了。

想好了以后，他就开始动手制作。这个东西设计上非常简单，把沙漏的两端嵌上一个精致的小木板，再接上一条铜链，然后用螺丝钉钉在电话机旁就行了。不打电话时还可以作装饰品，看它点点滴滴落下来，虽是微不足道的小玩意儿，却能调剂一下现代人紧张的生活。担心电话费支出的人很多，卡尔森的新沙漏可以有效地控制通话时间，售价又非常便宜。因此一上市，销量就很不错，平均每个月能售出3万个。这项创新使原本没有前途的沙漏转瞬间成为对生活有益的用品，销量成倍地增加，面临倒闭的小厂很快变成一个大企业。卡尔森也从一个即将破产的小业主摇身一变，成了腰缠万贯的富豪。

卡尔森成功了，赚了大钱，而且是轻轻松松，没费多大力气。如果他不是一个心态积极的人，如果他在暂时的困难面前一蹶不振，那么他就不可能东山再起，成为富豪。困境的存在与否，不是你能左右的，然而，对困境的回应方式与态度却完全操之在你。你可能因内心痛苦而恶言恶行，也可以将痛苦转化为诗篇，而是此是彼，则有待于你来抉择。艰苦岁月中，你也许没有选择的余地，但是，你可以决定自己怎样去面对这种岁月。积极面对问题也许要有无比的勇气。"天无绝人之路"的想法，就是所谓的"可能性思考"。它代表一种积极进取的心态。但说它积极并不等于说它是万灵丹，能解决人生的所有问题。不过，你若相信"天无绝人之路"，以积极的态度面对困境，那么，在"天助自助"的情况下，你大部分的问题是可以解决的。

心存梦想，人生便可随时开始

一个部落首领去世了，他的儿子继承了酋长的位子，承担起了领导部落的任务。但是，由于他花天酒地，游手好闲，部落的势力很快衰退下来；在一次与仇家的战役中，他被仇家所在的部落擒获。仇家的首领决定第二天将他斩首，但是可以给他一天的时间自由活动，而活动的范围只能在一个指定的草原上。当他被放逐在茫茫的大草原上时，他感觉这个时候，自己已经完全被整个世界抛弃了，天堂将很快成为自己的最终归宿。他回忆起曾经锦衣玉食的日子，想起了自己部落辛苦劳作的牧民，想起了那些英勇的武士卖命效力，他追悔莫及。他想，如果能让我重来一次，上天再给我一次机会，绝对不会是这样一个结果。于是，他想在自己生命的最后24个小时做一些事情，来弥补自己曾经的过失。他慢慢地行走在草原上，看见很多贫苦而又可怜的牧民在烤火，他把自己头顶上的珍珠摘下来送给他们；他看见有一只山羊跑得太远，迷失了方向，他把它追了回来；他看见有孩子摔到了，主动把他扶了起来；最后，他还把自己一件珍贵的大衣送给了看守他的士兵……他终于做了一些自己以前从没做过的事情，他觉得自己内心还是善良的，可以满意地结束自己的生命了。

第二天，行刑的时候到了，他很轻松地步入刑场，闭上眼睛，等待刽子手结束自己的生命。可是等了很久，刽子手的刀都没有落下，他觉得很奇怪。当他慢慢把眼睛睁开的时候，才看见那个仇家首领捧着一碗酒微笑着站在他面前。那个首领说："兄弟，这一天来，你的所作所为让我感动，也让我重新认识了你，我们两个部落的牧民本来可以和睦愉快地相处，却因为一些私利互相仇视，彼此杀戮，谁都没有过上太平的日子，今天，我要敬你一杯酒，冰释前嫌，以后我们就是兄弟，如何？"之后，那个纨绔子弟回到了部落，再也没有纸醉金迷地生活，而是勤政爱民，发誓要做一个优秀的部族首领。从此以后，这两个部落的牧民再也没有发生过战争，彼此融洽和平地生活在草原上。

人生可以随时开始，即使只剩下生命中的24小时。一个人只要还能思考，还充满了梦想，就一定可以重新开始自己的人生。可为什么，有时我们明明知道自己已经错了，还是要继续错下去，或是已深陷痛苦之中，却仍然不愿逃离出来呢？如果明知这条路不适合自己，再走下去的结果也只是枉然，何不立即舍弃重新开始呢？日本作家中岛薰曾说："认为自己做不到，只是一种错觉。我们开始做某事前，往往考虑能否做到，接着就开始怀疑自己，这是十分错误的想法。"人生随时都可以重新开始，没有年龄限制，更没有性别区分，只要我们有决心和信心，梦想，即使到了 70 岁也能实现。

一个年轻人，因为自己恋慕已久的女人要嫁给一个富商，十分痛苦。自此自暴自弃，破罐破摔，每天喝得烂醉如泥，惹是生非。镇上的人见了他，纷纷侧目，迎面走过的人更是纷纷避让，生怕招惹祸端。一个在镇上颇有威望的老者见到他这副模样，于是呵斥他道："有本事你就把她追回来。"

"可是，她已经要嫁给别人了。"年轻人哀怨地说。

"如果你有本事，你就有机会，你还有时间，你需要的是振作！"老者义正词严地说。

"可我一无所有，怕是没什么指望了。"年轻人哀怨着。

"你还有今天。你还有明天。你还有一身的力气。"老者说道。

在老人的殷殷教诲之下，年轻人终于鼓起勇气，离开了小镇，远走他乡……三年后，年轻人回到镇上，找到了那位教诲他的老人。老人告诉他，那个女人已经嫁给了富翁。年轻人笑了笑，说："一切都已经过去了，你教给我的不是怎么娶一个女人，而是教会我做人的道理，这才是最重要的。"

今天是一个结束，又是一个开始。昨天的成功也好，失败也好，今天都可以重新开始，重新开拓自己的人生。昨天失败了，不要紧，今天忘了它，总结失败的教训，继续新的努力。即便昨天是成功的，今天依旧要重新开始，在成功的基础上继续努力，争取更辉煌的进步。

人生就是不断重新开始的过程，随时都可以有新的开始，新的希望，新的天空。

信心面前，什么困难都会溃退

只要有信心，你就能移动一座山。只要坚信自己会成功，你就能成功。

宋朝，有一段时期战争频仍，国患不断，大将军狄青带领人马杀赴疆场，不料自己的军队势单力薄，寡不敌众，被困在小山顶上，眼看将被敌军吞没。就在士气大减，甚至将要缴械投降之际，大将军狄青站在大家面前说："士兵们，看样子我们的实力是不如人家了，可我却一直都相信天意，老天让我们赢，我们就一定能赢。我这里有9枚铜钱，向苍天企求保佑我们冲出重围。我把这9枚铜钱撒在地上，如果都是正面，一定是老天保佑我们；

如果不全是正面的话，那肯定是老天告诉我们不会冲出去的，我就投降。"

此时，士兵们闭上了眼睛，跪在地上，烧香拜天祈求苍天保佑，这时狄青摇晃着铜钱，一把撒向空中，落在了地上，开始士兵们不敢看，谁会相信9枚铜钱都是正面呢！可突然一声尖叫："快看，都是正面。"大家都睁开了眼睛往地上一看，果真都是正面。士兵们跳了起来，把狄青高高举起喊道："我们一定会赢，老天会保佑我们的！"

狄青拾起铜钱说："那好，既然有苍天的保佑，我们还等什么，我们一定会冲出去的！各位，鼓起勇气，我们冲啊！"

就这样，一小队人马竟然奇迹般战胜了强大的敌人，突出重围，保住了有生力量。过些时候，将士们谈起了铜钱的事情，还说："如果那天没有上天保佑我们，我们就没有办法出来了！"

这时候狄青从口袋掏出了那9枚铜钱，大家竟惊奇地发现，这些铜钱的两面都是正面的！

虽然只是几枚小小的铜钱，却让这小队人马的命运为此而改变。细细体味故事时，我们能够醒悟到，战斗胜利的根源其实是在于：信心。

信心比金钱、势力、出身、亲友更有力量，是人们从事任何事业的最可靠的资本。信心能排除各种障碍、克服种种困难，能使事业获得完满的成功。有的人最初对自己有一个恰当的估计，信心能够处处胜利，但是一经挫折，他们却又半途而废，这是因为他们自信心不坚定的缘故。所以，树立了自信心，还要使自信心变得坚定，这样即使遇到挫折，也能不屈不挠、向前进取，决不会因为一时的困难而放弃。

那些成就伟大事业的卓越人物在开始做事之前，总是会具有充分信任自己能力的坚定的自信心，深信所从事之事业必能成功。这样，在做事时他们就能付出全部的精力，破除一切艰难险阻，直达成功的彼岸。

心存雅量，人生才会活出大境界

一群好朋友，原本欢欢喜喜地去饮酒，酒下了肚没有多久，大伙儿你一句、我一句地开玩笑，突然盘飞菜溅，大伙儿打成了一团。探讨原因，也不过是某甲说了某乙性无能，某乙认为伤了男性的自尊，一定要讨回面子而已。小小的一个玩笑演变成你死我伤的局面，怎不令人唏嘘？

世上有许多类似的情节，皆因一句话、一个小举动弄得反目成仇，想想有必要大发脾气吗？人生在世不过短短数十载，许多事就如同过眼云烟一样，根本不值得挂念，何况许多都是微不足道的小事，我们为何还要如此顽固，经常为一点儿小事就和别人争执呢？

有位修行很深的禅师叫白隐，无论别人怎样评价他，他都会淡淡地说："就是这样的吗？"一天，寺庙旁一户人家的未婚女儿怀孕了，在父母的一再逼问下，女孩吞吞吐吐地说出"白隐"二字。

她的父母怒不可遏地去找白隐理论，但白隐不置可否，只若无其事地答道："就是这样的吗？"孩子生下来后，就被送给白隐。白隐每天非常细心地照顾孩子——他向邻居乞求婴儿所需的奶水和其他用品，虽不免横遭白眼，或是冷嘲热讽，但他总是处之泰然，仿佛他是受托抚养别人的孩子一样。

事隔一年后，这位未婚妈妈终于不忍心再欺瞒下去，老老实实地向父母吐露真情："孩子的生父是住在同一条街的一位青年。"

她的父母立即将她带到白隐那里，向他道歉，请他原谅，并将孩子带回。白隐仍然是淡然以对，他只是在交回孩子的时候，轻声说道："就是这样的吗？"仿佛不曾发生过什么事，即使有，也只像微风吹过耳畔，霎时即逝！

白隐为了给邻居的女儿以生存的机会和空间，代人受过，牺牲了为自己洗刷清白的机会，受到人们的冷嘲热讽。但是他始终处之泰然，"就是这样的吗"，这平平淡淡的一句话，就是对"雅量"最好的解释。

人生中，雅量意味着胸怀、风度和气质，它是斤斤计较、心胸狭窄的天敌，它对有意或是无意间的伤害是宽厚，对敌意的攻击是忍让。有雅量的人对人对事看得开、想得开，不会计较生活中的得失。朱德同志有诗："腹中天地阔，常有渡人船。"法国作家雨果说："世界上最宽阔的东西是海洋，比海洋更宽阔的是天空，比天空更宽阔的是人的胸怀。"一个人胸怀宽广，就会站得高、看得远，就会宽待他人、善待他人。有了这样的雅量，对于别人对自己的误解、偏见，乃至讽刺、挖苦、谩骂就会统统不放在心里，更不会为此愁肠百结、郁愤难平、伺机报复，这样的人就会使人感到可亲、可敬和可佩。

一个人的气量是大是小，心平气和时较难鉴别，而当他与人发生矛盾和争执时，就容易看清楚了。气量大的人，不会把小矛盾放在心上，不会计较别人的态度，待人随和。而气量狭小的人，则往往偏要占个上风，讨点儿便宜。还有的人在和别人争论时，当自己是正确的，成为胜利者的时候，就心情舒坦，较为愿意谅解对方；但当自己是错误的，成为失败者的时候，往往容易恼羞成怒，对对方耿耿于怀，这也是气量小的一种表现。人与人之间的争论是常有的，一个真正有雅量的人，不应该因为别人和自己争论问题而对对方耿耿于怀，更不应该因为别人驳倒了自己的意见而恼羞成怒。

佛经云："心包虚，量周沙界。"你能把虚空宇宙都包容在心中时，你的心量自然就能如同天空一样广大。无论荣辱悲喜、成败冷暖，只要心量放大，自然能做到风雨不惊。

雅量，不是看破红尘、心灰意冷，也不是与世无争、随波逐流，而是一种修养、一种境界。只有拥有雅量的人才真正懂得善待自己、善待别人，人生才会活出大境界。

突破旧的格局，开放你的人生

同样的榕树种子，放在小盆里栽种，最多只能长到半米高；放到大盆子里，就会长到一米多高；而放在大自然中，就可以长到五米以上。明白了这些，我们何不把自己的格局放宽一点儿、拓深一些，这样我们理想的种子就可以长成参天大树！

开放自己的人生，需要我们打破禁锢自己的旧格局，只有这样，我们才可以开创更宏大的发展空间。

创造新格局，需要我们培植以下的几个关键因素：

1.志当存高远。

有一句话这样说："取乎上，得其中；取乎中，得其下。"就是说，假如目标定得很高，取乎上，往往会得其中；而当你把目标定得很一般，很容易完成，取乎中，就只能得其下了。由此，我们不妨把目标定得高一些，因为愿景所产生的力量更容易让人在每天清晨醒来时，不再迷恋自己的床榻，而抱着十足的信心和动力去面对新的挑战。

2.心态决定命运。

心态决定事业的成败，在人生的这盘棋局中，心态会决定你人生棋局状态，所以，好心态才能实现好格局。

3. 人生当进退自如。

大丈夫应当能屈能伸。屈于当屈之时，是一种人生的智慧；伸于当伸之时，同样是一种人生的智慧。屈，是隐匿自我，是为了保存力量，是暂时处于人生的低谷；而伸，是发扬自我，是为了光大力量，是为了攀登人生巅峰。只有能屈能伸的人生，才是完满而丰富的人生。

4. 宽容豁达，厚德载物。

大肚能容，容天下难容之事；慈颜常笑，笑世间可笑之人。管子云："海不辞水，故能成其大；山不辞土石，故能成其高；明主不厌人，故能成其众。"但凡成功的人，都有一个博大的胸怀。古往今来，许多事实也证明了一个真理：宽容才能成就伟大。

5. 大处着眼，不贪一时之利。

金钱财富、功名利禄都是身外之物，生不带来，死不带去。贪得太多，只会失去更多，适可而止，知足才能常乐！

6. 置之死地而后生。

置之死地而后生是一种胆略，是一种气势，是一种魄力。破釜沉舟，绝处求生，这样的人生才算极致精彩！

在许多大师所指示的成功法则中，敞开自己的心门，去接受各式各样的信息和评价，是极重要的一环。切莫因自己的浅薄和慵懒，而不接受许多深奥、开阔的智慧，坐井观天绝非一位积极追求卓越人生的人所该抱持的态度和方式。破除旧格局的拘囿，我们才能迎来新格局的异彩纷呈。

人生无格则难成局，无局则难有造化！格局是气度的经纬，视野的引导，仁慈的酵母，得失的座右铭，耐力的通行证。所以，神之异于人乃气度不同，故云：上指天，下指地，天地之间唯我独尊；君之异于庶乃视野不同，故云：日月每从肩上过，江河总在掌中望；仁之异于暴乃所怨不同，故云：对别人仁慈并非对自己残忍，而是给自己成长；得之异于失乃座右铭不同，故云：舍弃就是一种选择；智之异于蠢乃耐力不同，故云：时间对有智慧的人是成就的通行证，但对愚蠢的人是面目可憎的催化剂。每个人都如此，差别只在于采取的对待方式不一样而已！

格局是引领风骚的精髓，是决胜千里的兵略，我们不能哀叹时运不济碌碌虚度此生，何不昂起不屈的头颅，打破旧格局，拼搏一番呢？

博大的心量可以稀释一切痛苦烦忧

从前有座山，山里有座庙，庙里有个年轻的小和尚，他过得很不快乐，整天为了一些鸡毛蒜皮的小事唉声叹气。后来，他对师傅说："师傅啊！我总是烦恼，爱生气，请您开示开示我吧！"

老和尚说："你先去集市买一袋盐。"

小和尚买回来后，老和尚吩咐道："你抓一把盐放入一杯水中，待盐溶化后，喝上一口。"小和尚喝完后，老和尚问："味道如何？"

小和尚皱着眉头答道："又咸又苦。"

然后，老和尚又带着小和尚来到湖边，吩咐道："你把剩下的盐撒进湖里，再尝尝湖水。"弟子撒完盐，弯腰捧起湖水尝了尝，老和尚问道："什么味道？"

"纯净甜美。"小和尚答道。

"尝到咸味了吗？"老和尚又问。

"没有。"小和尚答道。

老和尚点了点头，微笑着对小和尚说道："生命中的痛苦就像盐的咸味，我们所能感受和体验的程度，取决于我们将它放在多大的容器里。"小和尚若有所悟。

老和尚所说的容器，其实就是我们的心量，它的"容量"决定了痛苦的浓淡，心量越大烦恼越轻，心量越小烦恼越重。心量小的人，容不得，忍不得，受不得，装不下大格局。有成就的人，往往也是心量宽广的人，看那些"心包太虚，量周沙界"的古圣大德，都为人类留下了丰富而宝贵的物质财富和精神财富。

其实，我们每个人一生中总会遇到许多盐粒似的痛苦，它们在苍白的心境下泛着清冷的白光，如果你的容器有限，就和不快乐的小和尚一样，只能尝到又咸又苦的盐水。

一个人的心量有多大，他的成就就有多大，不为一己之利去争、去斗、去夺，扫除报复之心和嫉妒之念，则心胸广阔天地宽。当你能把虚空宇宙都包容在心中时，你的心量自然就能如同天空一样广大。无论荣辱悲喜、成败冷暖，只要心量放大，自然能做到风雨不惊。

寒山曾问拾得："世间有人谤我、欺我、辱我、笑我、轻我、贱我、骗我，如何处之？"拾得答道："只要忍他、让他、避他、由他、耐他、敬他、不理他，再过几年，你且看他。"如果说生命中的痛苦是无法自控的，那么我们唯有拓宽自己的心量，才能获得人生的愉悦。通过内心的调整去适应、去承受必须经历的苦难，从苦涩中体味心量是否足够宽广，从忍耐中感悟暗夜中的成长。

心量是一个可开合的容器，当我们只顾自己的私欲，它就会愈缩愈小；当我们能站在别人的立场上考虑，它又会渐渐舒展开来。若事事斤斤计较，便把自心局限在一个很小的框框里。这种处世心态，既轻薄了自身的能力，又轻薄了自己的品格。

心量是大还是小，在于自己愿不愿意敞开。一念之差，心的格局便不一样，它可以大如宇宙，也可以小如微尘。我们的心，要和海一样，任何大江小溪都要容纳；要和云一样，任何天涯海角都愿遨游；要和山一样，任何飞禽走兽，都不排拒；要和土地一样，任何脚印车轨，都能承担。这样，我们才不会因一些小事而心绪不宁、烦躁苦闷！

把心打开吧，用更宽阔的心量来经营未来，你将拥有一个别样的人生！

心灵越纯净，力量越强大

强大的凝聚力与美好心灵如影随形，一个人只要具有一颗质朴而美丽的心灵，那么他必然具有强大的人格魅力，这种影响力会像影子一样，一生追随着他。

世界上有两种人，一种人像水一样，随着地势的起伏改变着自己的形态，另一种人则像水晶，内心晶莹透澈，却锐利坚硬。第一种人只能让自己随着世界变化，而第二种人则会让世界因自己而改变。

有一个 6 岁的加拿大男孩，曾经用一颗单纯的心改变了世界。

他曾被评选为"北美洲十大少年英雄"，甚至被人称为"加拿大的灵魂"，他就是曾经接受过加拿大国家荣誉勋章的瑞恩·希里杰克。

1998 年，6 岁的瑞恩第一次听说在非洲有很多孩子因为喝不上干净的水而死去，于是，为非洲的孩子捐献一口井成了他的梦想。

那天回到家里，他向妈妈要 70 加元时，妈妈告诉他："你可以通过自己的劳动凑齐这一笔钱，比如打扫房间、清理垃圾，我会给你报酬。"瑞恩迟疑了一下，最终答应了。于是，他开始通过自己的劳动挣钱。

瑞恩得到的第一个任务是吸地毯，干了两个多小时后他得到了两块钱的报酬。几天之后，当全家人去看电影时，瑞恩一个人留在家里擦了两个小时窗子，赚到第二个两块钱。全家人都以为瑞恩不过是心血来潮，他却坚持了下来。

4个月后，当瑞恩把辛苦积攒的钱交给有关组织时却得知，70加元只够买一个水泵，挖一口井实际需要2000加元，他并没有放弃，反而更加卖力了，因为他只有一个想法，就是要尽自己的能力让更多非洲的小朋友喝到水。

渐渐的，大家都知道了瑞恩的这个梦想。于是爷爷雇他去捡松果；暴风雪过后，邻居们请他去帮忙捡落下的树枝；瑞恩考试得了好成绩，爸爸给了他奖励；瑞恩从那时起不再买玩具……所有这些钱，都被瑞恩放进了那个存钱的旧饼干盒里。

后来，他的故事被媒体报道了，他的名字传遍了整个国家。一个月后，在他家的邮筒里出现了一封陌生的来信，里面有一张30万元的支票，还有一张便条："但愿我可以为你和非洲的孩子们做得更多。"如果你以为这是故事的结尾，那就错了，因为这只是事情的开始。接下来，在不到两个月的时间里，又有上千万元的汇款支持瑞恩的梦想。

2001年3月，"瑞恩的井"基金会正式成立。瑞恩的梦想成为千万人参加的一项事业。

事后有人问瑞恩："你为什么要这样做呢？"

瑞恩说："没有为什么，我只是想让他们喝到干净的水。"

"没有为什么"，一切就是如此简单，他只是听从了自己的召唤，并随着善良灵魂的高歌起舞而已。那一支心灵的舞蹈，却令整个世界为之倾倒。

心灵纯净的人，往往是精神潜能真正觉醒的人。他们那些美好的梦想和执著的信念具有强大的感召力，所以能以四两拨千斤般的创造奇迹。他们强大的影响力与单纯的个人魅力常常形成一种怪异的对比，那天真烂漫的生活和无忧无虑的心态使他们宛若孩童，但思想的感染力和举手投足间的伟人风范却令人心生艳羡。

内心呼唤什么，就会得到什么

只要我们留心发现，如果有人对你说"当然是这样了"、"我一定会完成得很好的"、"难道你不相信我吗"等措辞，你就会发现，这些人所进行的事情，都进展得十分顺利。

我们的内心有着很强大的力量，如果我们一直对生活寄托很多美好的期许，那么即使是在厄运当中，我们的命运也会很快得到扭转。

大学期间，戴尔经常听到同学们谈论想买电脑，但由于售价太高，许多人买不起。戴尔心想："经销商的经营成本并不高，为什么要让他们赚那么丰厚的利润？为什么不由制造商直接卖给用户呢？"戴尔知道，万国商用机器公司（即 IBM）规定，经销商每月必须提取一定数额的个人电脑，而多数经销商都无法把货全部卖掉。他也知道，如果存货积压太多，经销商会损失很大。于是，他按成本价购得经销商的存货，然后在宿舍里加装配件，改进性能。这些经过改良的电脑十分受欢迎。戴尔见到市场的需求巨大，于是在当地刊登广告，以零售价的八五折推出他那些改装过的电脑。不久，许多商业机构、医生诊所和律师事务所都成了他的顾客。由于戴尔一边上学一边创业，父母一直担心他的学习成绩会受到影响。父亲劝他说："如果你想创业，等你获得学位之后再说吧。"

可是戴尔觉得如果听父亲的话，就是在放弃一个一生难遇的机会。于是，戴尔坦白地告诉父母："我决定退学，自己开公司。""你的梦想到底是什么？"父亲问道。"和万国商用机器公司竞争。"戴尔说。和万国商用机器公司竞争？他父母大吃一惊，觉得他太不自量了。但无论他们怎样劝说，戴尔始终不放弃自己的梦想。最终，他和父母达成了协议：他可以在暑假试办一家电脑公司，如果办得不成功，到 9 月就要回学校去读书。得到父母的允许后，戴尔拿出全部积蓄创办戴尔电脑公司，当时他 19 岁。

他以每月续约一次的方式租了一个只有一间房的办事处，雇用了一名 28 岁的经理，负责处理财务和行政工作。在广告方面，他在一只空盒子底上画了戴尔电脑公司第一张广告的草图。朋友按草图重绘后拿到报馆去刊登。戴尔仍然专门直销经他改装的万国商用机器公司的个人电脑。第一个月营业额便达到 18 万美元，第二个月 265 万美元，仅仅一年，便每月售出个人电脑 1000 台。戴尔积极推行直销、按客户要求装配电脑、提供退货还钱以及对失灵电脑"保证翌日登门修理"的服务举措，为戴尔公司赢得了广阔的市场。

大学毕业的时候，戴尔的公司每年营业额已达 7000 万美元。以后，戴尔停止出售改装电脑，转为自行设计、生产和销售自己的电脑。如今，戴尔电脑公司在全球 16 个国家设有附属公司，每年收入超过 20 亿美元，有雇员约 5500 名。戴尔个人的财产，估计在 2.5 亿到 3 亿美元之间。假如戴尔不是忠于梦想，并且基于梦想坚决行动的话，显然他是不可能成为当今世界最年轻的富豪的。

内心呼唤什么就能得到什么。我们都可以按照自己的渴望设计人生。如果你始终觉得自己的生活过于悲惨，你渴望构建一个属于自己的人间天堂，那么你每天都告诉自己"我离天堂很近"，很快你就会觉得自己真的置身于幸福的天堂了。

我们读着弥尔顿的那句话：境由心生，就会产生很大的感触，原来心中有天堂，我们就生活在天堂里，心中有地狱，我们就会在地狱中挣扎。我们的生活总是跟着内心变化的，内心期许什么，我们就能做成什么。既然是这样，我们为什么不往好的方面想，让那些不快乐的事情远离我们的生活，给予自己一个纯净而又快乐的时空呢？

知足可以挪去你的各种贪念

老子曾说过："祸莫大于不知足，咎莫大于欲得。"这句话对于今天有着尤其特殊的意义。纵观今日一些落马之人，探其原由，"祸咎"概莫能出其"不知足"和"欲得"之外。王宝森、胡长清、成克杰、王怀忠……贪婪的欲望使得一个又一个春风得意的"能人"，从马上倏然坠地，沦为"阶下囚"，甚至走上"断头台"。

自老子以后，很多先哲都提倡"知足知止"的教条，这个教条也确实在紧紧地约束着中国人的行止。比如庄子就是一个清心寡欲的人，他曾告诫人们："知足者，不以利自累也。"王廷相则说："君子不辞乎福，而能知足也；不去乎利，而能知足也。故随遇而安，有天下而不与也，其道至矣乎！"吕坤也有一言曰："万物安于知足，死于无厌。"

从古至今，人类始终难以摆脱欲望。在欲望的支配下，人们会做出许多不可理解的事情。当自己的欲望得到了满足的时候，就万事顺心了。可是，当欲望没有达成的时候，人们的心理就会失衡，就会产生抱怨的情绪。所以，抱怨源自不知足，只有知足的人才能感受到人生的富足。

哲学家克里安德，当年虽已八十高龄，但依然仙风道骨，非常健壮，有人问他："谁是世上最富有的人！"

克里安德斩钉截铁地说："知足的人。"

这句话恰和老子的"知足者富"的说法如出一辙。

曾有人问当代美国最富有的石油大王史泰莱："怎样才能致富？"

这位石油大王不假思索地回答："节约。"

"谁比你更富有？"

"知足的人。"

"知足就是最大的财富吗？"

史泰莱引用了罗马哲学家塞涅卡的一句名言来回答说："最大的财富，是在于无欲。"

塞涅卡还有一句智慧的话："如果你不能对现在的一切感到满足，那么纵使让你拥有全世界，你也不会幸福。"

最妙的是，罗马大政治家兼哲学家西塞罗也曾有类似的说法："对于我们现在有的一切感到满足，就是财富上的最大保证。"

知足者常乐，知足便不作非分之想；知足便不好高骛远；知足便安若止水、气静心平；知足便不贪婪、不奢求、不巧取豪夺。知足者温饱不虑便是幸事；知足者无病无灾便是福泽。过分地贪取、无理的要求，只是徒然带给自己烦恼而已，在日日夜夜的焦虑企盼中，还没有尝到快乐之前，已饱受痛苦煎熬了。因此古人说："养心莫善于寡欲。"我们如果能够把握住自己的心，驾驭好自己的欲望，不贪得、不觊觎，做到寡欲无求，生活上自然能够知足常乐、随遇而安了。

知足不是自满和自负，不是装饰，不是自谦，而是知荣辱、乐自然。知足的人即满足于自我的人，知足者能认识到无止境的欲望和痛苦，于是就干脆压抑一些无法实现的欲望，这样虽然看起来比较残忍，但它却减少了更多的痛苦。在能实现的欲望之内，他拼命为之奋斗，一旦得到了自己的所求，快乐便油然而生，每上一个台阶，快乐的程度也会高出一个台阶。只有经常知足，在自我能达到的范围之内去要求自己，而不是刻意去勉强自己，去强迫自己，而是自觉地知足，才能心平气和去享受独得之乐。

第三章

战胜性格的弱点
——优化性格，改变自己的命运

ruhe zhansheng
renxing de
ruodian

远离让你永远也站不起来的自卑

自卑，就是自己轻视自己，看不起自己。自卑心理严重的人，并不一定就是他本人具有某种缺陷或短处，而是不能悦意容纳自己，自惭形秽，常把自己放在一个低人一等，不被自己喜欢，进而演绎成别人看不起的位置，并由此陷入不能自拔的境地。

自卑的人心情消沉，郁郁寡欢，常因害怕别人瞧不起自己而不愿与别人来往，只想与人疏远，他们缺少朋友，甚至自疚、自责、自罪；他们做事缺乏信心，没有自信，优柔寡断，毫无竞争意识，享受不到成功的喜悦和欢乐，因而感到疲劳，心灰意懒。

由于自卑的人大脑皮质长期处于抑制状态，中枢神经系统处于麻木状态，体内各器官的生理功能相应得不到充分的调动，不能发挥各自的应有作用；同时，内分泌系统的功能也因此失去常态，有害的激素随之分泌增多；免疫系统失去灵性，抗病能力下降，从而使人的生理过程发生改变，出现各种病症，如头痛、乏力、焦虑，反应迟钝，记忆力减退，食欲不振，性功能低下等，这些表现都是衰老的征兆所在。

也许我们每一个人都曾自卑过，这很正常，因为每一个人都或多或少有些自卑情绪。德国心理学家阿德勒认为，所有人在幼小的时候都具有自卑感。因为一个人幼时生理机制还未完全发育，一切都要依赖成人才能生存。父母在他们的眼中是无所不能的上帝，看到成人处处优于自己，每个孩子都会产生自卑感。

　　"不胜任感和自卑感广泛存在于我们的世界里。"正如心理学家詹姆斯·道尔皮所说，"自卑存在于我们每个人特别是青少年的生活里，并困扰着我们。"

　　虽然自卑总是与我们为伍，但是那些专门致力于自卑心理研究的专家们告诉我们，自卑并非坏事，相反，它是所有人发展的主要的推动力量，自卑感使人产生寻求力量的强烈愿望。

　　当一个人感到自卑时，就会力图去完成某些事情，以成功来克服自卑。达到成功后，人的内心会处于相对稳定的时期。而看到别人的成就之后，又会产生新的自卑，以促使自己取得更大的进步，以此周而复始。当然，自卑并不总是催人进步。如果一个人已经气馁了，认为自己的努力无法改变自己的处境，但又无力摆脱自卑感，那么，为了维护心理的健康（自我的统一），他就会设法摆脱它们。只是这些方法不会使他进步，他会用一种虚假的优越感来自我陶醉，麻木自己，这类似于阿Q精神。由于自卑者生活在自己虚设的精神世界里，而造成自卑的情境依然没有改变，因此，他的自卑感就会越积越多，其行为也就陷入了自欺当中，形成了自卑情结。

有的社会心理学家就认为，自卑的产生是因为一个人不正确归因的结果。

一件事发生后，人总是会试图去分析产生这种结果的原因。但不同的人对同一件事情的评价往往是不同的。例如，同是输了一场篮球比赛，有的队员会认为这是己队的运气不好、或场地不行、或球不好等（外部归因），而有的队员可能会认为这是自己的实力不行，输球是必然的（内部归因）。自卑的产生往往就是将失败归结为自身的原因，与环境无关的结果。即只看到自己的不足，看不到自己的长处。

征服畏惧，战胜自卑，不能夸夸其谈，止于幻想，而必须付诸实践，见于行动。建立自信最快、最有效的方法，就是去做自己害怕做的事，直到获得成功。

1. 认清自己的想法

有时候，问题的关键是我们的想法，而不是我们想什么事情。人的自卑心理来源于心理上的一种消极的自我暗示，即"我不行"。正如哲学家斯宾诺莎所说："由于痛苦而将自己看得太低就是自卑。"这也就是我们平常说的自己看不起自己。悲观者往往会有抑郁的表现，他们的思维方式也是一样的。所以先要改变带着墨镜看问题的习惯，这样才能看到事情明亮的一面。

2. 放松心情

努力地去放松心情，不要想不愉快的事情。或许你会发现事情真的没有原来想的那么严重。会有一种豁然开朗的感觉。

3. 幽默

学会用幽默的眼光看事情，轻松一笑，你会觉得其实很多事情都很有趣。

4. 与乐观的人交往

与乐观的人交往，他们看问题的角度和方式，会在不知不觉中感染你。

5. 尝试一点改变

先做一点小的尝试。比如，换个发型，画个淡妆，买件以前不敢尝试的比较时髦的衣服……看着镜子中的自己，你会觉得心情大不一样，原来自己还有这样一面。

6. 寻求他人的帮助

寻求他人的帮助并不是无能的表现，有时候当局者迷，当我们在悲观的泥潭中拔不出来的时候，可以让别人帮忙分析一下，换一种思考方式，有时看到的东西就大不一样。

7. 要增强信心

因为只有自己相信自己，乐观向上，对前途充满信心，并积极进取，才是消除自卑、促进成功的最有效的补偿方法。悲观者缺乏的，往往不是能力，而是自信。他们往往低估了自己的实力，认为自己做不来。记住一句话：你说行就行。事情摆在面前时，如果你的第一反应是我行，我能做，那么你就会付出自己最大的努力去面对它。同时，你知道这样继续下去的结果是那么诱人，当你全身心投入之后，最后你会发现你真的做到了；反之，如果认为自己不行，自己的行为就会受到这个意念的影响，从而失去太多本该珍惜的好机会。因为你一开始就认为自己不行，最终失败了也会为自己找到合理的借口："瞧，当初我就是这么想的，果然不出我所料！"

8. 正确认识自己

对过去的成绩要做分析。自我评价不宜过高，要认识自己的缺点和弱点。充分认识自己的能力、素质和心理特点，要有实事求是的态度，不夸大自己的缺点，也不抹杀自己的长处，这样才能确立恰当的追求目标。特别要注意对缺陷的弥补和优点的发扬，将自卑的压力变为发挥优势的动力，从自卑中超越。

9. 客观全面地看待事物

具有自卑心理的人，总是过多地看重自己不利、消极的一面，而看不到有利、积极的一面，缺乏客观全面地分析事物的能力和信心。这就要求我们努力提高自己透过现象抓本质的能力，客观地分析对自己有利和不利的因素，尤其要看到自己的长处和潜力，而不是妄自嗟叹、妄自菲薄。

10. 积极与人交往

不要总认为别人看不起你而离群索居。你自己瞧得起自己，别人也不会轻易小看你。能否从良好的人际关系中得到激励，关键还在自己。要有意识地在与周围人的交往中学习别人的长处，发挥自己的优点，多从群体活动中培养自己的能力，这样可预防因孤陋寡闻而产生的畏缩躲闪的自卑感。

11. 在积极进取中弥补自身的不足

有自卑心理的人大都比较敏感，容易接受外界的消极暗示，从而愈发陷入自卑中不能自拔。而如果能正确对待自身缺点，把压力变动力，奋发向上，就会取得一定的成绩，从而增强自信，摆脱自卑。

悲观是人生最黑暗的深渊

悲观成习的人与"马大哈"性格的人截然相反。他没学到"马大哈"对人对己的办法，不会得过且过，也不能对人对己都马马虎虎，相反，处事谨慎，处处提防自己行为不要出格。一旦有了行为的失检，总是害怕大难临头。同时，悲观的人也有很强的"良心"自监力，即使没有什么严重后果，他也绝不饶恕自己。

人们都经历过一些小的失意，有人遇到这些失意时，觉得世间一切都不尽如人意，忧郁不安，悲观自怜，结果更加失意，以致失去了人生的幸福和欢乐。正确方法应是寻找产生沮丧悲观心理的原因，对症下药，寻求解决问题的良好途径。

改变悲观心理的一个办法是，避免老是看到自己的不足，而应突出自己的优势，重视自己的优势。随着积极思维自然而然地增加，消极思维自然就会减少了。突出优势的另一方面是最大限度地削弱失败的影响。尽管无法避免偶尔的失败，但是你可以控制失败对自己的影响，承认失败只是生活中的一部分，会使自己情绪好一些。过分强调失败，只会降低自信，使自己处于沮丧之中。

在工作和家庭环境没法改变的时候，"积极想象法"会使你对生活更乐观。你可以想象自己做了一些想做的事后，度过了一段非常愉快美好的日子。要知道，任何事情在想象中都是可能的。当你打算参加某项活动而又心存恐惧，就对自己说："我能做好这件事，我比别人更善于控制自己的情绪。"这种语言暗示法的好处是你对自己所说的话语往往能影响你的自我感觉，明显改善沮丧情绪。

多数沮丧悲观者对未来的担忧，正为自己建立越来越狭窄、有限的世界；假如你做些与他人合作的工作，受到他人的约束，你就得考虑自己以外的事情，生活也就会出现新的意义。愉快的社交活动对人们情绪的影响是任何一项奖赏都不能比拟的。当人们掌握了处理人际关系的技巧后，自重感增加，也会慢慢地赶走沮丧心情。

一个沮丧悲观的人老待在屋子里，便会产生禁锢的感觉。然而，当他离开屋子，漫步在林阴大道，就会发现心绪突然变了，怒气和沮丧也消失了，心中充满了宁静，自然的色彩给人带来阵阵快意。另外，任何一种体育锻炼都有助于克服沮丧，经常参加体育锻炼会使人精神振奋，避免消极地生活下去。

因此，转换自己的悲观情绪，其实并不难。

人类的所有行为，无论是乐观，还是悲观，都是"学"得的。因而悲观者的悲观性格，并非"命中注定"，而是"后天养成"的。悲观者可以力强而至，学成乐观。

那么，会有一些什么样的具体的办法能真正帮助我们正确地克服悲观性格所带来的负面影响呢？办法当然还是有的，当我们遭遇到失败或挫折而沮丧时，不妨试试下面这几招：

①越担惊受怕，就越遭灾祸。因此，一定要懂得积极心态所带来的力量，要相信希望和乐观能引导你走向胜利。

②即使处境危难，也要寻找积极因素。这样，你就不会放弃取得微小胜利的努力。你越乐观，克服困难的勇气就越会倍增。

③以幽默的态度来接受现实中的失败。有幽默感的人，才有能力轻松地克服厄运，排除随之而来的倒霉念头。

④既不要被逆境困扰，也不要幻想出现奇迹，要脚踏实地，坚持不懈，全力以赴去争取胜利。

⑤不要把悲观作为保护你失望情绪的缓冲器。乐观是希望之花，能赐人以力量。

⑥当你失败时，你要想到你曾经多次获得过成功，这才是值得庆幸的。如果10个问题，你做对了5个，那么还是完全有理由庆祝一番，因为你已经成功地解决了5个问题。

⑦在闲暇时间，你要努力接近乐观的人，观察他们的行为。通过观察，你能培养起乐观的态度，乐观的火种会慢慢地在你内心点燃。

⑧要知道，悲观不是天生的。就像人类的其他态度一样，悲观不但可以减轻，而且通过努力还能转变成一种新的态度——乐观。

⑨如果乐观态度使你成功地克服了困难，那么你就应该相信这样的结论：乐观是成功之源。

别让自负提前注定了你的失败

"谦虚使人进步，骄傲使人落后。"在人生的道路上，狂傲自负很多时候会使人迷失方向，举步不前。

一个骄傲自负的人常会认为，一件事情如果没有了他，人们就不知该怎么办了。但实际上，这样的人总避免不了失败的命运，因为一骄傲，他们就会失去为人处世的准绳，结果总是在骄傲里毁灭了自己。

每个人总是把自己看得很重要，但事实上，少了他，事情往往可以做得一样好。所以，自大的人历来就是成事不足、败事有余。你要切记这样一个道理：自大是失败的前兆。

自大往往不是空穴来风，自大的人总有一些突出的特长。这些突出的特长，使他们较之别人有一种优越感。这种优越感累积到一定程度，便使人目空一切，不知天高地厚。深究其原因，大致可以归纳为以下几点：

1. 过分娇宠的家庭教育

家庭教育是一个人自负心理产生的第一根源。对于青少年来说，他们的自我评价首先取决于周围的人对他们的看法，家庭则是他们自我评价的第一参考系。父母宠爱、夸赞、表扬，会使他们觉得自己"相当了不起"。

2. 生活中的一帆风顺

人的认识来源于经验，生活中遭受过许多挫折和打击的人，很少有自负的心理，而生活中一帆风顺的人，则很容易养成自负的性格。现在的中学生大多是独生子女，是父母的掌上明珠，如果他们在学校出类拔萃，老师又宠爱他们，就易滋生自信、自傲和自负的个性。

3. 片面的自我认识

自负者缩小自己的短处，夸大自己的长处。缺乏自知之明，对自己的能力估价过高，对别人的能力评价过低，自然产生自负心理。这种人往往好大喜功，取得一点小小的成绩就认为自己了不起，成功归因于自己的主观努力，失败归咎于客观条件的不合作，过分的自恋和自我中心，把自己的举手投足都看得与众不同。

4. 情感上的原因

一些人的自尊心特别强烈，为了保护自尊心，在挫折面前，常常会产生两种既相反又相通的自我保护心理。一种是自卑心理，通过自我隔绝，避免自尊心的进一步受损；另一种就是自负心理，通过自我放大，获得自信不足的补偿。例如，一些家庭经济条件不很好的学生，生怕被经济条件优越的同学看不起，便会假装清高，表面上摆出看不起这些同学的样子。这种自负心理是自尊心过分敏感的表现。

一个人不知道并不可怕——人不可能什么都知道，但可怕的是不知道而假装知道，知道一点就以为什么都知道。这样的人就永远不会进步，就像老爱欣赏自己脚印的人，只会在原地绕圈子。

当然，自负并非不可克服，只要我们自己努力并加上正确的方法，就肯定没有任何问题：

首先，接受批评是根治自负的最佳办法。自负者的致命弱点是不愿意改变自己的态度或接受别人的观点，虚心接受批评即是针对这一弱点提出的改进方法。它并不是让自负者完全服从于他人，只是要求他们能够接受别人的正确观点，通过接受别人的批评，改变过去固执己见、唯我独尊的形象。

其次，与人平等相处。自负者视自己为上帝，无论在观念上还是在行动上都无理地要求别人服从自己。平等相处就是要求自负者以一个普通社会成员的身份与别人平等交往。

再次，提高自我认识。要全面地认识自我，既要看到自己的优点和长处，又要看到自己的缺点和不足，不可一叶障目，不见泰山，抓住一点不放，未免失之偏颇。认识自我不能孤立地去评价，应该放在社会中去考察，每个人生活在世上都有自己的独到之处，都有他人所不及的地方，同时又有不如人的地方，与人比较不能总拿自己的长处去比别人的不足，把别人看得一无是处。

最后，要以发展的眼光看待自负，既要看到自己的过去，又要看到自己的现在和将来，辉煌的过去只能说明曾经你是个英雄，它并不代表着现在，更不预示着将来。

有一个成语叫"虚怀若谷"，意思是说，胸怀要像山谷一样。这是形容谦虚的一种很恰当的说法。只有空，才能容得下东西，而自满，除了你自己之外，容不下任何东西。

生活中，我们常常不自觉地把自己变做一个注满水的杯子，容不下其他的东西。因而，学会把自己的意念先放下来，以虚心的态度去倾听和学习，你会发现大师就在眼前。

多疑是躲在人性背后的阴影

有一则寓言，说的是"疑人偷斧"的故事：一个人丢失了斧头，怀疑是邻居的儿子偷的。从这个假想目标出发，他观察邻居儿子的言谈举止、神色仪态，无一不是偷斧的样子，思索的结果进一步巩固和强化了原先的假想目标，他断定贼非邻子莫属了。可是，不久他在山谷里找到了斧头，再看那个邻居的儿子，竟然一点也不像偷斧者。

这个人从一开始就先下了一个结论，然后自己走进了猜疑的死胡同。由此看来，猜疑一般总是从某一假想目标开始，最后又回到假想目标，就像一个圆圈一样，越画越粗，越画越圆。最典型的恐怕就是上面这个例子了。现实生活中猜疑心理的产生和发展，几乎都同这种作茧自缚的封闭思路主宰了正常思维密切相关。

猜疑似一条无形的绳索，会捆绑我们的思路，使我们远离朋友。如果猜疑心过重的话，就会因一些可能根本没有或不会发生的事而忧愁烦恼、郁郁寡欢；猜疑者常常嫉妒心重，比较狭隘，因而不能更好地与身边的人交流，其结果可能是无法结交到朋友，变得孤独寂寞，导致对身心健康的危害。

疑心重重，戴着有色眼镜看人，甚至毫无根据地猜疑他人的人，在猜疑心的作用下，会把被猜疑的人的一言一行都罩上可疑的色彩，即所谓"疑心生暗鬼"。有些人疑心病较重，乃至形成惯性思维，导致心理变态。一个人如果心胸过于狭窄，对同事、朋友乃至家人无端猜疑，不但会影响工作、影响人际关系、影响家庭和睦，还会影响自己的心理健康。

猜疑是建立在猜测基础之上的，这种猜测往往缺乏事实根据，只是根据自己的主观臆断毫无逻辑地去推测、怀疑别人的言行。猜疑的人往往对别人的一言一行都很敏感，喜欢分析深藏的动机和目的，看到别的同学悄悄议论就疑心在说自己的坏话，见别人学习过于用功就疑心他有不良企图。好猜疑的人最终会陷入作茧自缚、自寻烦恼的困境中，结果导致自己的人际关系紧张，失去他人的信任，挫伤他人和自己的感情，对心理健康是极大的危害。为此英国思想家培根曾说过："猜疑之心如蝙蝠，它总是在黄昏中起飞。这种心情是迷惑人的，又是乱人心智的。它能使你陷入迷惘，混淆敌友，从而破坏人的事业。"因此，消除猜疑之心是保持心理健康的方法之一。

怎样矫正自己的猜疑心理呢？

1. 自信最重要

相信自己，相信他人。即在自己的心理天平上增加"自信"和"他信"这两块砝码。首先是"自信"。"自疑不信人，自信不疑人"。猜疑心理大多源于缺少自信。其次是"他信"，即相信别人，不要对别人抱偏见或者是成见。当你怀疑别人的时候，一定要想想如果别人也这样怀疑你，你会是什么样的感受，这样去将心比心，换位思考就能真正去信任别人了。

注意调查研究。俗话说："耳听为虚，眼见为实。"不能听到别人说什么就产生怀疑，不要听信小人的谗言，不能轻信他人的挑拨。要以眼见的事实为据。况且，有时眼见的未必是实。因此，一定要注重调查研究，一切结论应产生于调查的结果。否则就会被成见和偏见蒙住眼睛，钻进主观臆想的死胡同出不来。

2. 坚持"责己严，待人宽"的原则

猜疑心重的人，大多对自己的要求不严、不高，对别人的要求倒多少有些苛刻，总是要求别人做到什么程度，不去想一想自己做是否做得到。因此克服疑心病必须从严格要求自己做起，不要对别人有过高的要求，更不要因为别人达不到，就认为人家存在问题，那样必然会妨碍你对别人的信任。因此，坚持宽以待

人，严于律己的原则，这也是克服猜疑心的一条重要途径。

3. 采取积极的暗示，为自己准备一面镜子

平时，不要总想着自己，想着别人都盯着自己。而要对自己说，并没有人特别注意我，就像我不议论别人一样，别人也不会轻易议论我。而且，只要自己行得正，站得直，又何必怕别人议论呢？有时不妨采用自我安慰的"精神胜利法"，别人说了我又能如何呢？只要自己认为，或者感觉到绝大多数人认为我是对的，我的行为是对的就可以了，这样，心理的疑心自然就会越来越小了。

4. 抛开陈腐偏见

记得一位哲人说过："偏见可以定义为缺乏正当充足的理由，而把别人想得很坏。"一个人对他人的偏见越多，就越容易产生猜疑心理。我们应抛开陈腐偏见，不要过于相信自己的印象，不要以自己头脑里固有的标准去衡量他人、推断他人。要善于用自己的眼睛去看，用自己的耳朵去听，用自己的头脑去思考。必要时应调换位置，站在别人的立场上多想想。这样，我们就能舍弃"小人"而做君子。

5. 及时开诚布公

猜疑往往是彼此缺乏交流，人为设置心理障碍的结果，也可能是由于误会或有人搬弄是非造成的，因此一旦出现猜疑，与其自己去猜，不如开诚布公地和对方谈一谈，这样才能消除疑云，才能彻底解决问题。

依赖只能把你变为别人的附属

　　他们一般很幼稚、顺从，但却常怀疑自己可能被拒绝，在任何方面都很少表现出积极性，显得缺乏对生活的信心和力量。由于这种人缺乏基本应付生活的能力，所以一般很难适应新的环境和生活，需要逐步引向独立。

　　依赖型人格一般发源于幼年时期。幼年时期儿童离开母亲就不能生存，在儿童印象中保护他、养育他、满足他一切需要的母亲是万能的，他们必须依赖她，总是怕失去这个保护神。

　　这时如果父母过分地溺爱其子女，或者因内疚、负罪感而超乎常理地爱护其子女，或者因在社会生活中的自卑感而特别宠护其子女，以此来获得子女的爱戴、尊敬，满足其自尊心，那就只会鼓励子女依赖父母，使他们没有长大和自立的机会。

　　久而久之，在子女的心目中就会逐渐产生对父母或权威的依赖心理，成年以后依然不能自己做主，总是依靠他人来做决定，缺乏自信心，终身不能负担起选择及果断处理各项事件的责任，成为依赖型人格。

　　具有依赖型人格的人一般十分温顺、听话，他的巴结和逢迎最初受人欢迎，可能会引起人们的好感。但不久，这种黏着性依赖就令人厌烦，因此他们很难处理好人际关系。依赖型人格常缺乏自信，显得悲观、被动、消极，在人际关系中总处在被动位置。

从心理学角度看，依赖心理是一种习以为常的生活选择。当你选择依赖时，就会使你失去独立的人格，变得脆弱、无主见，成为被别人主宰的可怜虫。

然而，依赖心理也并非是一种顽症，而是可以逐步克服的。树立独立的人格，培养独立的生存能力，是克服依赖心理的首选目标。

树立独立的人格，培养自主的行为习惯，一切自己动手，自然就与依赖无缘了。对于已经养成依赖心理的人来说，那就要用坚强的意志来约束自己，无论做什么事都有意识地不依赖父母或其他的人，同时自己要开动脑筋，把要做的事的得失利弊考虑清楚，心里就有了处理事情的主心骨，也就敢于独立处理事情了。

树立人生的使命感和责任感。一些没有使命感和责任感的人，生活懒散，消极被动，常常跌入依赖的泥坑。而具有使命感和责任感的人，都有一种实现抱负的雄心壮志。他们对自己要求严格，做事认真，不敷衍了事、马虎草率，具有一种主人翁精神。这种精神是与依赖心理相悖逆的。选择了这种精神，你就选择了自我的主体意识，就会因依赖他人而感到羞耻。

要培养独立生存能力，不妨单独地或与不熟悉的人办一些事或做短期外出旅游。这样做的目的，是为了锻炼独立处事能力。

自己单独地办一件事，完全不依赖别人，无论办成或办不成，对你都是一种人格的锻炼。与不熟悉的人外出旅游，由于不熟悉，出于自尊心和虚荣心，你不会依赖他人，事事都得自己筹划，这无形之中就抑制了你的依赖心理，促使你选择自力更生，有利于你独立的人生品格的培养。要克服依赖心理，可从以下几个方面出招：

①要充分认识到依赖心理的危害。要纠正平时养成的习惯，提高自己的动手能力，多向独立性强的人学习，不要什么事情都指望别人，遇到问题要做出属于自己的选择和判断，加强自主性和创造性。学会独立地思考问题。独立的人格要求独立的思维能力。

②要在生活中树立行动的勇气，恢复自信心。自己能做的事一定要自己做，自己没做过的事要去锻炼。正确地评价自己。

③丰富自己的生活内容，培养独立的生活能力。在学校中主动要求担任一些班级工作，以增强主人翁的意识。使我们有机会去面对问题，能够独立地拿主意，想办法，增强自己独立的信心。

④多向独立性强的人学习。多与独立性较强的人交往，观察他们是如何独立处理自己的一些问题的，向他们学习。同伴良好的榜样作用可以激发我们的独立意识，改掉依赖这一不良性格。

别再重演叛逆的悲剧

"逆反心理"是人对某类事物产生了厌恶、反感的情绪，做出与该事物发展背道而驰的行动的一种心理状态。年轻人的"逆反心理"是一种消极的抵抗心理,这种心理一旦产生,就会形成一种固定的思维模式,对外界持否定态度,并最终导致矛盾的激化。

了解叛逆性格所产生的原因有助于我们进一步对症下药来改掉叛逆的性格缺陷。那么,叛逆产生的原因都有哪些呢?

首先,产生逆反心理是幼儿教育弊端的曝光。当前,幼儿教育在方式、方法上存在许多问题。比如,许多年轻的父母不了解儿童年龄特点和身心发展水平,对他们提出的要求过高,让儿童承受的学习任务过重;不知道儿童具有多方面发展的潜能和资质,具有多方面的兴趣和爱好,为孩子过早定向,强制儿童过早地从事长时间的专业训练。孩子产生逆反心理,可以说正是这些教育弊端造成的。教养方式和手段违背孩子的天性,自然会引起孩子的抵触、产生对抗和逆反心理。可见,孩子逆反心理的形成"事出有因",它在一定程度上敦促人们对幼儿教育做出改进。

其次,逆反心理包含有许多积极的心理品质。儿童产生逆反心理,是其天性的自然流露。它从另一方面反映了幼儿自我意识强,好胜心强,勇敢,有闯劲,能求异,能创新。现代社会充满竞争,迫切需要具有创造性思维、能开拓、能进取的人才。因此,父母要善于发现逆反心理中的创造性品质和开拓意识,并合理引导。只要引导得当,逆反心理是能够在现代社会发挥积极作用的。

再次,逆反心理在某种程度上能防止其他一些不良的心理品质的形成。逆反心理强的孩子，在不顺心的情况下，在愤懑、压抑、不满的时候，敢于发泄，他们不会让不愉快的事情长期滞留心中，他们不会让有碍自己身心健康的负情绪长期得不到释放，他们不会有畏缩心理、压抑心理，他们也不会懦弱、保守、逆来顺受。他们以这种形式保持心理平衡，有时也能起到维持身心健康的作用。

针对叛逆性格所形成的原因，我们也可采取一些措施来加以改正：

1. 提高认识

提高文化素质、广闻博见是克服逆反心理的根本解决之道。一个对生活有着广博知识的人，凭直觉就能认识到逆反心理的荒谬之处，从而采用一种更科学、更宽容的思维方式对待事物。广闻博见能使我们避免产生固执和偏激，而固执和偏激的逆反心理则使我们在最终认识真理之前走许多弯路，等我们醒悟过来时往往太迟了。

2. 增强想象

逆反心理之所以大行其道，往往是利用了人们缺乏通过多渠道解决问题的想象力。解决一个实际问题用一个办法就已足够，但在问题未解决之前却存在着几乎是无限的可能性。如果我们的思想一旦被逆反心理控制住，那么我们的视野就会变得狭隘、短视和显得愚蠢。它使我们无法进行正确的思维和判断，让思想仅仅是在"对着干"的轨道上盲目滑行。当我们冷静地进行分析的时候，我们就会发现，我们所强烈反对的意见固然并不一定就是真理，但"对着干"起码也使我们的思维同对方的思维一样狭隘。因此，对总是怀有逆反心理的人来说，努力培养起自己的想象力是十分必要的，它有助于我们开阔思路，从偏执的习惯中超脱出来。宽容的思想方式和想象力是可以通过不断地自我思维训练来获得，它能激发出我们的创造力。逆反心理是一种近乎病态的心理状态，如果你想有所作为，就必须警惕并克服这种逆反心理。

总之，不要整天一副世界对不起你的样子，让自己的眼神柔和一些，让自己的微笑自然一些，你必会走出逆反的痛苦与阴影。

暴躁的性格是发生不幸的导火索

一个人性格暴躁的最直接表现就是非常容易愤怒，愤怒是一种很常见的情绪，特别是年轻人，比如，血气方刚的小伙子。他们往往三两句话不对，或为了一点小事情就大打出手，造成十分严重的后果。

其实，愤怒是一种很正常的情绪，它本身不是什么问题，但如何表达愤怒则易出问题。有效地表达愤怒会提高我们的自尊感，使我们在自己的生存受到威胁的时候能勇敢地战斗。

脾气暴躁，经常发火，不仅是强化诱发心脏病的致病因素，而且会增加患其他病的可能性，它是一种典型的慢性自杀。因此为了确保自己的身心健康，必须学会控制自己，克服爱发脾气的坏毛病。

能否有效地抑制生气和不友好的情绪，使自己更融于他人呢？这主要在于自己的修养和来自亲人及朋友的帮助与劝慰。实验证明：在行为方式有所改善的人中，死亡率和心脏病复发率会大大下降。为了控制或减少发火的次数和强度，必须对自己进行意识控制。当愤愤不已的情绪即将爆发时，要用意识控制自己，提醒自己应当保持理性，还可进行自我暗示："别发火，发火会伤身体。"有涵养的人一般能控制住自己。同时，及时了解自己的情绪，还可向他人求得帮助，使自己遇事能够有效地克制愤怒。只要有决心和信心，再加上他人对你的支持、配合与监督，你的目标一定会达到。

一般来说，性格暴躁的人都有如下的一些表现：

①情绪不稳定。他们往往容易激动。别人的一点友好的表示，他们就会将其视为知己；而话不投机，就会怒不可遏。

②多疑，不信任他人。暴躁的人往往很敏感，对别人无意识的动作，或轻微的失误，都看成是对他们极大的冒犯。

③自尊心脆弱，怕被否定，以愤怒作为保护自己的方式。有的人希望和别人交朋友，而别人让他失望了，他就给人家强烈的羞辱，以挽回自己的自尊心。这同时也就永远失去了和这个人亲

近的机会。

④不安全感，怕失去。

⑤从小受娇惯，一贯任性，不受约束，随心所欲。

⑥以愤怒作为表达情感的方式。有的人从小父母的教育模式就是打骂，所以他也学会了用拳头作为表达情绪的唯一方式。甚至有时候，愤怒是表达爱的一种方式。

⑦将别处受到的挫折和不满情绪发泄在无辜的人身上。

应当说，性格是一个人文化素养的体现。大凡有文化、有知识、有修养者，往往待人彬彬有礼，遇事深思熟虑，冷静处置，依法依规行事，是不会轻易动肝火的。而大发脾气者，大多是缺乏文化底蕴的人，他们似干柴般的暴躁性格，遇火便着，任凭自己的性情脱缰奔驰，直至撞墙碰壁，头破血流，惹出事端。

所以，总是易暴躁的人，提高自己的素质修养刻不容缓。

下面的八条措施将帮助你完成改变暴躁性格这一心理、生理转变过程，臻于性格的完善。

1. 承认自己存在的问题

请告诉你的配偶和亲朋好友，你承认自己以往爱发脾气，决心今后加以改进。要求他们对你支持、配合和督促，这样有利于你逐步达到目的。

2. 保持清醒

当愤愤不已的情绪在你脑海中翻腾时，要立刻提醒自己保持理性，你才能避免愤怒情绪的爆发，恢复清醒和理性。

3. 推己及人

把自己摆到别人的位置上，你也许就容易理解对方的观点与举动了。在大多数场合，一旦将心比心，你的满腔怒气就会烟消云散，至少觉得没有理由迁怒于人。

4. 诙谐自嘲

在那种很可能一触即发的危险关头，你还可以用自嘲从危机中解脱出来。"我怎么啦？像个 3 岁小孩，这么小肚鸡肠！"幽默是卸掉发脾气的毛病的最好手段。

5. 训练信任

开始时不妨寻找信赖他人的机会。事实会证明：你不必设法控制任何东西，也会生活得很顺当。这种认识不就是一种意外收获吗？

6. 反应得体

受到残酷虐待时，任何正常的人都会怒火中烧。但是无论发生了什么事，都不可放肆地大骂出口。而该心平气和、不抱成见地让对方明白，他的言行错在哪儿，为何错了。这种办法给对方提供了一个机会，在不受伤害的情况下改弦更张。

7. 贵在宽容

学会宽容，放弃怨恨和报复，你随后就会发现，愤怒的包袱从双肩卸下来，显然会帮助你放弃错误的冲动。

8. 立即开始

爱发脾气的人常常说："我过去经常发火，自从得了心脏病，我认识到以前那些激怒我的理由，根本不值得大动肝火。"请不要等到患上心脏病才想到要克服爱发脾气的毛病，从今天开始修身养性不是更好吗？

一位哲人如是说："谁自诩为脾气暴躁，谁便承认了自己是一名言行粗野、不计后果者，亦是一名没有学识、缺乏修养之人。"细细品味，煞是有理，"腹有诗书气自华"。愿我们都能远离暴躁脾气，做一个有知识、有文化、有修养的人。

能够自我控制是人与动物的最大区别之一。所以脾气虽与生俱来，但可以调控。多学习，用知识武装头脑，是调节脾气的最佳途径。知识丰富了，修养提高了，法纪观念增强了，脾气这匹烈马就会被紧紧牵住，无法脱缰招惹是非。甚至刚刚露头，即被"后果不良"的意识所制约，最终把上蹿的脾气压下，把不良后果消灭在萌芽状态。

贪婪是你永远无法填满的无底洞

贪婪指贪得无厌，即对与自己的力量不相称的事物的过分的欲求。它是一种病态心理，与正常的欲望相比，贪婪没有满足的时候，反而是愈满足，胃口就越大。

贪婪心理的成因可从客观与主观两个方面来分析。

客观原因：中国古代就有"马无夜草不肥，人无横财不富"、"饿死胆小的，撑死胆大的"说法，反映了不劳而获的投机心理。它宣扬的不是勤劳致富而是谋取不义之财。受这种观念的影响，社会上确有一些不务正业，靠贪污、行骗过活的不法分子。

贪婪并非遗传所致，是个人在后天社会环境中受病态文化的影响，形成自私、攫取、不满足的价值观而出现的不正常的行为表现。

这一点，在那些沦为腐败分子的身上体现得较为典型。一般而言，贪婪心理的形成主要有以下几个方面：

1. 错误的价值观念

贪婪的人认为，社会是为自己而存在，天下之物皆为自己拥有。这种人存在极端的个人主义，是永远不会满足的。得陇望蜀，有了票子，想房子；有了房子，想位子；有了位子，想女子；有了女子，想儿子。即便"五子登科"，也不会满足。

2. 行为的强化作用

有贪婪之心的人，初次伸出黑手时，多有惧怕心理，一怕引起公愤，二怕被捉。一旦得手，便喜上心头，屡屡尝到甜头后，胆子就越来越大。每一次侥幸过关对他都是一种条件刺激，不断强化着那颗贪婪的心。

3. 攀比心理

有些人原本也是清白之人。但是看到原来与自己境况差不多的同事、同学、战友、邻居、朋友、亲戚、下属、小辈，甚至原来那些与自己相比各种条件差得远的人都发了财，心里就不平衡了，觉得自己活得太冤枉。由此生出一股贪婪之念，也学着伸出了贪婪的双手。

4. 补偿心理

有些人原来家境贫寒，或者生活中有一段坎坷的经历，便觉得社会对自己不公平。一旦其地位、身份上升，就会利用手中的权力向社会索取不义之财，以补偿以往的不足。

5. 侥幸心理

这种心态导致犯罪分子自我欺骗，我行我素，随着作案次数的增多，胆子越来越大，因而越陷越深。

6. 盲从心理

有些人认为，现在"大家都在捞，你捞我也捞"；"吃回扣"、不给好处不办事的现象很普遍；"捞"了也没事，查到的也不过那么几个，"大家都这样"，"老实人吃亏"，形成"捞了也白捞"的心理。

7. 功利心理

一些人把市场经济看成金钱社会，拜金成为他们的信条；一些人有失落感，认为"今天这个样，明天变个样，不知将来怎么样"；一些人滋长了占有欲，把市场等价交换原则引入工作中，"有权不用，过期作废"，从而引发种种以权谋私、权钱交易。

8. 虚荣心理

一些教工、官员曾经表现较好，也为国家培养了很多人才，桃李满天下，一旦地位变了，权力大了，讨好的人多了，就开始飘飘然起来。

贪婪是一种过分的欲望。贪婪者往往超越社会发展水平，践踏社会规范，疯狂地向社会及他人攫取财物，给社会带来了极大的危害。若欲改正，是可以自我调适的，具体方法如下：

1. 自我反思法

自己在纸上连续20次用笔回答"我喜欢……"这个问题。回答时应不假思索，限时20秒钟，待全部写下后，再逐一分析哪些是合理的欲望，哪些是超出能力的过分的欲望，这样就可明确贪婪的对象与范围，最后对造成贪婪心理的原因与危害，自己做较深层的分析。分析自己贪婪的原因是有攀比、补偿、侥幸的心理呢，还是缺乏正确的人生观、价值观。分析清楚后，便下决心，要堂堂正正做人，改掉贪婪的恶习。

2. 格言自警法

古往今来，仁人贤士对贪婪之人是非常鄙视的，他们撰文作诗，鞭挞或讽刺那些索取不义之财的行为。想消除贪婪心理的人，应牢记那些诗文和名言，朝夕自警。

3. 知足常乐法

一个人对生活的期望不能过高。虽然谁都会有些需求与欲望，但这要与本人的能力及社会条件相符合。每个人的生活有欢乐，也有缺失，不能搞攀比。

心理调适的最好办法就是做到知足常乐，"知足"便不会有非分之想，"常乐"也就能保持心理平衡了。

别让狭隘禁锢你的心灵

有关专家曾针对这一现象，对不同性格的人的生理变化进行了研究，从中得到了有趣的发现：性格开朗的人，其基础代谢率较高，组织器官的新陈代谢较快，内分泌系统平衡协调，各项生命指标，如血压、脉搏等相对稳定；而心胸狭隘、忧郁的人，其结论正好相反。

这些生理现象实质上是由心理因素引起的。心胸狭隘、心情忧郁的人，好静不好动，饮食少而无规律，经常失眠，神经衰弱，爱发脾气、生闷气等。如果上述性格与生活习惯交互作用，会互相加剧，形成恶性循环，结果导致内分泌紊乱，组织器官因养分不足而过早衰老。性格开朗的人则喜爱运动，心胸开阔，乐观向上，这些良好的生活习惯与性格特点形成良性循环，有利于内分泌系统平衡稳定，他们的组织器官新陈代谢旺盛，从而使机体充满活力。

可见，不同性格的人，其生活习惯直接或间接地影响到人的健康和衰老。

狭隘性格的产生同家庭中不良因素的影响有很大关系。父母狭隘的心胸，为人处世的方法，不良的生活习惯等对子女有潜移默化的影响。有些子女狭隘的性格完全是父母性格的翻版。另外，优越的生活环境、溺爱的教育方法往往易形成子女任性、骄傲、利己主义等品质，自然受点委屈便耿耿于怀，对"异己"分子不肯容纳与接受，尤其是一些年轻人，阅历浅、经验少，遇到问题后，容易把事情想得过于困难、复杂，加之对自己的能力估计不足，对事情感到无能为力，因而容易紧张、焦虑，放心不下。

狭隘的人，不仅生活在一个狭窄的圈子里，而且知识面也往往非常狭窄。因此，开阔的视野很重要。如老师和家长多让学生参加一些社会公益活动，参观一些伟人、名人纪念馆，听英雄人物事迹报告会等。这能使学生在亲身经历中感悟很多人生道理。丰富课余文化生活，组织多种多样的文娱、体育活动，拓宽兴趣范围，使自己时刻感受到生活、学习中的新鲜刺激，感受到生活的美好，陶冶性情，从而在健康向上的氛围中增强精神寄托，消除心理压力。

狭隘的人，其心胸、气量、见识等都局限在一个狭小的范围内，不宽广、不宏大。多与人接触，使自己对不同的人有不同的认识，从而积累经验，这样会从中明白许多对与错的道理。善于宽容是人的一种美德。对任何事都斤斤计较，一定是一个狭隘的人。

怎样才能克服气量小的狭隘毛病呢？

1. 拓广心胸

陶铸同志曾经写过这样两句诗："往事如烟俱忘却，心底无私天地宽。"要想改掉自己心胸狭隘的毛病，首先要加强个人的思想品德修养，破私立公，遇到有关个人得失、荣辱之事时，经常想到国家、集体和他人，经常想到自己的目标和事业，这样就会感到犯不着计较这些闲言碎语，也没有什么想不开的事情了。

2. 充实知识

人的气量与人的知识修养有密切的关系。有句古诗说："曾经沧海难为水，除却巫山不是云。"一个人知识多了，立足点就会提高，眼界也会相应开阔，对一些"身外之物"也就拿得起，放得下，丢得开，就会"大肚能容，容天下难容之物"。当然，满腹经纶、气量狭隘的人也有的是，这并不意味着知识有害于修养。培根说："读书使人明智。"经常读一些心理卫生学方面的书籍，对于开阔自己的胸怀，裨益当不在小。

3. 缩小"自我"

你一定要不断提醒自己，在生活中不要期望过高。来点阿Q精神降低你的期望。如果你坚持抱着一成不变的期望，不愿做任何改变减少你的期望以衡量期望和现实之间的差距，那么你就会很快被激怒，让事情变得更糟。根据墨菲定律："只要事情有可能出错，就一定会出错。"这正好抓住了降低期望、明智看待事情的想法，它也说明了该如何调整期望，才不会留下满屋子的失望和挫折感。

降低你的期望不但可以减少你的生气次数和生气的强烈程度，还可以减少生气的时间。随时调整你的期望，时刻保持清醒的头脑，你才会在自负的乌云之中看到阳光。

"宰相肚里能撑船"，宽容大度是一种长者风范，智者修养。当你怒气冲天时，切记"金无足赤，人无完人"；或者多想想自己读书时也曾干过蠢事，说过错话，将心比心来提醒自己；也可多想想发怒的害处等，这样会使怒气烟消云散。

第四章

战胜习惯的弱点
——
好习惯成就好人生

习惯能成就一个人，也能够摧毁一个人

有一个猎人，他在一次打猎中捡回一只老鹰蛋，回到家里，他把老鹰蛋和母鸡正在孵的鸡蛋放在一起。

没过多久，小鹰和小鸡一起出世了。在母鸡的照顾下，小鹰很开心地和小鸡们生活在一起。

小鹰当然不知道自己是一只鹰，它和小鸡们一样学习鸡的各种生存本领。母鸡也不知道它是一只鹰，母鸡像教育其他小鸡那样教育小鹰。这只小鹰一直按照鸡的习惯生活。

在它们生活的地方，不时有老鹰从空中飞过。每当老鹰飞过时，小鹰就说："在天空飞翔多好啊，有一天我也要那样飞起来。"

听它这么说，母鸡每次都要提醒它："别做梦了，你只是一只小鸡！"

其他小鸡也一起附和："你只是一只鸡，你不可能飞那么高！"

被提醒的次数多了，小鹰终于相信它永远不可能飞那么高。小鹰再看到老鹰飞过时，它便主动提醒自己："我是一只小鸡，我不可能飞那么高。"

就这样，这只鹰到死那一天也没有飞翔过——虽然它拥有翱翔蓝天的翅膀和体格。

可见，习惯虽小，却影响深远。你可以遍数名载史册的成功人士，哪一个人没有几个可圈可点的习惯在影响着他们的人生轨迹呢？当然，习惯人人都有，我们的惰性和惯性会使我们不止一次地重复某些事情，而经常反复地做也就成了习惯，比如爱笑的习惯、吝啬的习惯，甚至于饭前洗手的习惯，等等。习惯有大有小，有好有坏，林林总总。

习惯决定命运。这里面隐藏着人类本能的秘诀。

看看我们自己，看看我们周围，看看芸芸众生，好习惯造就了多少辉煌成果，而坏习惯又毁掉了多少美好的人生！习惯一旦形成，它就极具稳定性，心理上的习惯左右着我们的思维方式，决定我们的待人接物；生理上的习惯左右着我们的行为方式，决定我们的生活起居。日常的生活本身就是习惯的反复应用，而一旦遇上突发事件，根深蒂固的习惯更是一马当先地冲到最前面，所以，当我们的命运面临抉择时，是习惯帮我们做的决定。

事物总是一分为二，凡事都有其两面性。习惯也是一样，有正面就有负面。正面的是好习惯，好习惯有助于我们的成功；而负面的是坏习惯，坏习惯则导致我们的失败。

例如，礼貌是一种好习惯，走到哪里都能够彬彬有礼、以礼相待的人一定会深受欢迎，拥有这种习惯的人则容易成功；相反，失礼就是一种坏习惯。

微笑是一种习惯，可以预先消除许多不必要的怨气，化解许多不必要的争执，而老是板着面孔的人走到哪里都会制造紧张气氛。

所以说，习惯决定命运。习惯是通往成功的最实际的保证，习惯也是通向失败的最直接的通道。

习惯的力量无比巨大

习惯的力量是巨大的。1873 年，美国发明家克利斯托弗发明了世界上第一台打字机，键盘完全是按照英文字母的顺序排列的。慢慢的，他发现打字的速度一旦加快，键槌就很容易被卡住。他的弟弟给他出了一个主意，建议他把常用字的键符分开布局，这样每次击键的时候，键槌就不会因为连续击打同一块区域而卡死。经过这样不规则的排列后，卡键的次数果然大大减少，但同时打字速度也减慢了。在推销打字机的时候，在利润的驱动下，克利斯托弗对客户说，这样的排列可以大大提高打字速度，结果所有人都相信了他的说法。现在，人们已经习惯了这样的键盘布局，并始终认为这的确能提高打字速度。

国外一些数学家经过研究得出结论，目前的排列是最笨拙的一种，凭借目前的技术已经解决了卡键问题，可现在出现第二种排列的键盘似乎不太可能，因为人们都习惯了。在强大的习惯面前，科学有时也会变得束手无策。

说起来你可能不信，一根矮矮的柱子，一条细细的链子，竟能拴住一头重达千斤的大象，可这令人难以置信的景象在印度和泰国随处可见。原来那些驯象人在大象还是小象的时候，就用一条铁链把它绑在柱子上。由于力量尚未长成，无论小象怎样挣扎都无法摆脱锁链的束缚，于是小象渐渐地习惯了而不再挣扎，直到长成了庞然大物，虽然它此时可以轻而易举地挣脱链子，但是大象依然选择了放弃挣扎，因为在它的惯性思维里，它仍然认为摆脱链子是永远不可能的。

小象是被实实在在的链子绑住的，而大象则是被看不见的习惯绑住的。

可见，习惯虽小，却影响深远。习惯对我们的生活有绝对的影响，因为它是一贯的。在不知不觉中，习惯经年累月地影响着我们的品德，决定我们思维和行为的方式，左右着我们的成败。看看我们自己，看看我们周围，好习惯造就了多少辉煌成果，而坏习惯又毁掉了多少美好的人生！习惯一旦形成，就极具稳定性。生理上的习惯左右着我们的行为方式，决定我们的生活起居；心理上的习惯左右着我们的思维方式，决定我们的接人待物。当我们的命运面临抉择时，是习惯帮我们做的决定。

卓越是一种习惯，平庸也是一种习惯

在我们的工作和生活中，有很多效率低下的例子。例如有些人只知道一味地例行公事，而不顾做事的实际效果；他们总是采取一种被动的、机械的工作方式。在这种状态下工作的人，往往缺乏主观能动性和创造性，在工作中不思进取、敷衍塞责，总是为自己找借口，无休止地拖延……

另一方面，我们也可以看到很多做事高效的例子。例如有些人做起事来注重目标，注重程序，他们在工作中往往采取一种主动而积极的方式。他们工作起来对目标和结果负责，做事有主见，善于创造性地开展工作；工作中出现困难的时候会积极地寻找办法，勇于承担责任，无论做什么总是会给自己的上司一个满意的答复。

举一个例子来说吧，某公司的一位服务秘书接到服务单，客户要装一台打印机，但服务单上没有注明是否要配插线，这时，服务秘书有 3 种做法：

（1）开派工单。

（2）电话提醒一下商务秘书，看是否要配插线，然后等对方回话。

（3）直接打电话给客户，询问是否要配插线，若需要，就配齐给客户送过去。

第一种做法，可能导致客户的打印机无法使用，引起客户的不满；第二种做法，可能会延误工作速度，影响服务质量；第三种做法，既能避免工作失误，又不会影响工作效率。

显然，第三种做法就是一个高效做事的例子。

高效能人士与做事缺乏效率的人的一个重要区别在于：前者是主动工作、善于思考、主动找方法的人，他们既对过程负责，又对结果负责；而后者只是被动地等待工作，敷衍塞责，遇到困难只会抱怨，寻找借口。

另外，高效能人士不仅善于高效工作，同时也深谙平衡工作与生活的艺术。他们既不会为工作所苦，也不为生活所累。他们不是一个不重结果、被动做事的"问题员工"，也不是一个执著于工作，忽视了生活、整日为效率所苦的"工作狂"。

一个游刃于工作与生活之中的高效能人士应当具备很多素质，比如"做事有目标"，"能够正确地思考问题"，"是一个解决问题的高手"，"重视细节"，"高效利用时间"，"勇于承担责任，不找借口"，"正确应对工作压力"，"善于把握工作与生活的平衡"，"善于沟通交际"，"拥有双赢思维"等等。

一位哲人说过："播下一种思想，收获一种行为；播下一种行为，收获一种习惯；播下一种习惯，收获一种性格；播下一种性格，收获一种命运。"要不断提升自己的素质，做一名合格的高效能人士，就要养成正确的工作和生活的习惯。

成功的习惯重在培养

美国学者特尔曼从1928年起对1500名儿童进行了长期的追踪研究，发现这些"天才"儿童平均年龄为7岁，平均智商为130。成年之后，又对其中最有成就的20%和没有什么成就的20%进行分析比较，结果发现，他们成年后之所以产生明显差异，其主要原因就是前者有良好的学习习惯、强烈的进取精神和顽强的毅力，而后者则甚为缺乏。

习惯是经过重复或练习而巩固下来的思维模式和行为方式，例如，人们长期养成的学习习惯、生活习惯、工作习惯等。"习惯养得好，终身受其益"；"少小若无性，习惯成自然"。习惯是由重复制造出来，并根据自然法则养成的。

孩子从小养成良好的习惯，能促进他们的生长发育，更好地获取知识，发展智力。良好的学习习惯能提高孩子的活动效率，保证学习任务的顺利完成。从这个意义上说，它是孩子今后事业成功的首要条件。

但是习惯是从哪里来的呢？

习惯是自己培养起来的。当你不断地重复一件事情，最后就有了应该和不应该，开始形成了所谓的真理，但是你还有更多的事情没有接触到。

习惯应该是你帮助自己的工具，你需要利用自己的习惯来更好地生活，如果哪个习惯阻碍了你实现这样的目标，那么就该抛弃这样的坏习惯。

下面是培养良好习惯的过程与规则：

（1）在培养一个新习惯之初，把力量和热忱注入你的感情之中。对于你所想的，要有深刻的感受。记住：你正在采取建造新的心灵道路的最初几个步骤，万事开头难。一开始，你就要尽可能地使这条道路既干净又清楚，下一次你想要寻找及走上这条小径时，就可以很轻易地看出这条道路来。

（2）把你的注意力集中在新道路的修建工作上，使你的意识不再去注意旧的道路，以免使你又想走上旧的道路。不要再去想旧路上的事情，把它们全部忘掉，你只要考虑新建的道路就可以了。

（3）可能的话，要尽量在你新建的道路上行走。你要自己制造机会来走上这条新路，不要等机会自动在你跟前出现。你在新路上行走的次数越多，它们就能越快被踏平，更有利于行走。一开始，你就要制订一些计划，准备走上新的习惯道路。

（4）过去已经走过的道路比较好走，因此，你一定要抗拒走上这些旧路的诱惑。你每抵抗一次这种诱惑，就会变得更为坚强，下次也就更容易抗拒这种诱惑。但是，你每向这种诱惑屈服一次，就会更容易在下一次屈服，以后将更难以抗拒诱惑。你将在一开始就面临一次战斗，这是重要时刻，你必须在一开始就证明你的决心、毅力与意志力。

（5）要确信你已找出正确的途径，把它当做是你的明确目标，然后毫无畏惧地前进，不要使自己产生怀疑。着手进行你的工作，不要往后看。选定你的目标，然后修建一条又好、又宽、又深的道路，直接通向这个目标。

你已经注意到了，习惯与自我暗示之间存在着很密切的关系。根据习惯而一再以相同的态度重复进行的一项行为，我们将会自动地或不知不觉地进行这项行为。例如，在弹奏钢琴时，钢琴家可以一面弹奏他所熟悉的一段曲子，一面在脑中想着其他的事情。

自我暗示是我们用来挖掘心理道路的工具，"专心"就是握住这个工具的手，而"习惯"则是这条心理道路的路线图或蓝图。要想把某种想法或欲望转变成为行动或事实，之前必须忠实而固执地将它保存在意识之中，一直等到习惯将它变成永久性的形式为止。

养成卫生习惯

曾有一篇报道，题目是《一口痰"吐掉"一项合作》。说某医疗器械厂与外商达成了引进"大输液管"生产线的协议，第二天就要签字了。可当这个厂的厂长陪同外商参观车间的时候，习惯性地向墙角吐了一口痰，然后用鞋底去擦。这一幕让外商彻夜难眠，他让翻译给那位厂长送去一封信："恕我直言，一个厂长的卫生习惯可以反映一个工厂的管理素质。况且，我们今后要生产的是用来治病的输液滴管。贵国有句谚语：人命关天！请原谅我的不辞而别……"一项已基本谈成的项目，就这样被"吐"掉了。

生活不卫生，不仅容易引发生多种疾病，而且如上文一样，人们会通过这些不卫生的小举动，认识到你的修养和素质，从而对你产生不良印象。

生活卫生的范围极为广泛，包括衣、食、住、行和身体各部位的卫生，青少年在生活中应严格按照卫生的要求去做。

养成生活卫生的习惯，应注意以下几个方面：

1. 戒除不良的嗜好，如酗酒、嗜烟（大量吸烟）、嗜赌（赌徒）。有人说得好，在危害健康的诸因素中，最严重的莫过于不良嗜好所引起的持久而普遍的作用。

2. 改变不良的生活习惯。如本人的卫生习惯差，病从口入，易得胃肠传染病或寄生虫病。暴饮暴食者易患胃病、消化不良以及易于致命的急性胰腺炎。爱吃高脂及高盐饮食者，最易患高血压、冠心病等。一旦不良习惯养成，对健康的危害作用就会经常或反复地出现。

3. 不要滥用药物。有关专家指出，当前药害已成为仅次于烟害和酒害的第三大"公害"。全世界每年死于药害者不下几十万人。为此，欲求健康长寿，必须停止滥用药物，包括滥用补养药品。补药用之不当，也会伤人。

4.衣服的大小要合身。太瘦太短的衣服（如牛仔裤、健美服等）是不利于青少年发育的，要适当宽大些。在衣料的选择上要注意透气性、保湿性，特别是夏天应选择棉、麻、丝之类的天然布料，不选用化纤产品的衣料，尤其不能用此做内衣内裤。鞋子的大小应合脚，鞋底的软硬要适中，女孩鞋底不可过高。

5.坚持每天早晚洗脸，洗去附在面部的污垢、汗渍等不洁之物，洗脸时，应注意清洗耳朵和脖子。夏季要及时擦去脸上的汗，不要让其淌在脸上，擦汗时要用纸巾或手帕，不可用衣袖代之。

6.要做到勤洗澡、勤换内衣，身上不留异味。男子胡须要剃净，鼻毛要剪短；在人面前不应有揪胡须、拔鼻毛、挖鼻孔、掏耳朵等动作；女士不应用过多的香水，否则会令人反感。

7.保持口腔清洁。首先要坚持每日早晚刷牙，清除口腔细菌、饭渣，防止牙石沉积。刷牙时间不宜太短，至少应在3分钟以上。另外，不吸烟，不喝浓茶，以防牙齿变黑变黄。如有口臭，应及早医治。如果知道自己要乘飞机、火车或要与人近距离交谈，最好不要吃葱蒜等有强烈刺激性气味的食物，以免影响到别人。

8.不可当众剔牙。餐后要剔牙，应用手或餐巾纸掩盖；进餐时，应闭嘴咀嚼，不能发出咀嚼的声音；与人交谈时，口角不应有白沫，更不能口水四溅；与人交往前不要过量饮酒，酒气熏人会引起他人反感；不能在人前嚼口香糖，特别是与人一边说话、一边嚼糖就更不礼貌了。

9. 打喷嚏、擤鼻涕、咳嗽、打哈欠时，不要直直地朝着别人的脸。必要的时候，要赶紧把头歪向一边。突然要打喷嚏了，赶快掏出纸巾或手帕把鼻子盖住，同时尽量地压小声音。咳嗽时也是如此，来不及拿纸巾或手帕，也得用手赶快遮住嘴。

10. 应该随时清洗自己的手，要注意修剪指甲。大小便后一定要洗手。在任何公众场合都不应修剪指甲，也不能摆弄手指，这些都是失礼的行为。手弄脏了，要及时洗净，不能用脏手将食物往嘴里送。

11. 少抠鼻。抠鼻时容易毁坏鼻毛，把鼻粘膜抠破，引起鼻出血。另外，鼻粘膜经常受到手指的刺激，容易变薄，发生萎缩现象，使我们闻不到气味。如果手指上或手指甲缝的细菌进入鼻孔里，还容易引起慢性鼻炎、生疖长疮，使鼻孔有阻塞感，不通气，流鼻涕，鼻孔发红，鼻梁肿胀，长期不愈，甚至引发全身不适，严重时细菌能通过面部血管进入大脑里引发炎症。

12. 少挖耳。常用发卡、火柴挖耳朵，容易把外耳道的皮肤划伤，引起外耳道出血。若是感染细菌，往往引起外耳道炎和外耳道疖肿，耳道不断向外流脓或流水。如果挖耳朵时不小心把耳膜捅破，使细菌进入鼓室，就会引起中耳炎，不仅耳朵长期流脓，还有造成耳聋的危险。

13. 少揉眼。眼睛是一个很精密的器官，血管非常丰富，用手一揉，由于刺激作用，结膜上的血管变粗，眼睛就发红了。另外，手一天到晚什么都摸，上面往往沾着很多细菌，如果把这些脏东西揉进眼睛里去，就容易引起急性结膜炎和沙眼，造成眼发红，长眼眵，看不清东西，甚至睫毛脱落，眼边发烂。

14.不贪坐。吃饭后就坐在沙发上看书、看电视，不再动一动，长期下去就会使脂肪堆积在臀部、腹部，造成腹部突出，臀部下垂，体态变得臃肿难看。

15.少架腿。"二郎腿"会压迫腿部的血管，使血液回流不畅通，造成小腿疲劳、发麻。架腿还破坏躯干的竖直，长期架腿会造成脊椎弯曲。

16.少咬物。啃指甲、咬笔杆、咬下唇、啃开啤酒瓶盖等，这些习惯不仅不卫生，而且还容易使口腔上颌的门牙突出，影响牙齿的整齐和美观，甚至造成危险。咬物时张口呼吸，会使口腔上颌变得又高又窄，有损容貌。

制定"删除坏习惯"的计划

习惯是人生的主宰，一个好的习惯让人受用一生，许多个好习惯加起来，就可以成就一个人一生的辉煌。性格决定命运，习惯作为思维、心态的反复再现而成了性格的一部分，所以我们说习惯决定命运。从小培养好习惯，改掉坏习惯，青少年的命运也将随之改变。

一个人的行为方式、生活习惯是多年养成的。比如，与人交往的形式、与人沟通的方式、与人相处的模式……都是多年习惯累积慢慢成形的。孔子在《论语》中提到："性相近，习相远也。""少小若无性，习惯成自然。"意思是说，人的本性是很接近的，但由于习惯不同便相去甚远；小时候培养的品格就好像是天生就有的，长期养成的习惯就好像完全出于自然。

青少年在成长中，或多或少会有一些坏习惯，比如"说谎"、"办事拖拉"、"马虎"、"不讲卫生"、"偷窃"、"打架斗殴"、"乱花钱"、"打游戏、上网成瘾"等。千里之堤，溃于蚁穴。这些貌似无关紧要的小毛病，久而久之，如潜伏的病毒，会危害你的一生。

生活中，青少年朋友如何制定有效的"删除坏习惯"的计划呢？

1. 要充分认识到好习惯的重要性、坏习惯的危害性，只有这样你才能有坚定的决心、坚决的行动去"删除"坏习惯。

2. 许多青少年面对自己的"坏习惯"没有足够的自制能力和意志，经受不住"坏习惯"的纠缠。比如无法控制网络、烟酒的诱惑等。那种凡事都无所谓的想法，使自己偏离了健全的自我意识的轨道。青少年应根据自己的实际情况，为自己制定一个惩罚"坏习惯"的制度，通过自我努力，达到有效控制、克服坏习惯，自我完善的目的。

3. 按部就班，一步一步做起。一旦决定改变习惯，就拟定当日、当月、当年的目标。目标不可过大，比如有人戒酒时，就采用每天比前一天少喝一点的办法，最后戒绝。

4.古人说，要"齐家治国平天下"需从"修身、养性"开始，即从点滴的习惯开始，行知并重。要想克服拖延的坏习惯，就必须懂得珍惜时间；要想克服懒惰的坏习惯，就必须勤奋；要想克服打架斗殴的恶习，就必须学会宽容。

在好习惯的培养中，人的毅力会慢慢增强，当强到一定程度的时候，人就有了力量去对付那些坏习惯。如果一开始就去碰那些坏习惯的话，容易受到阻力，挫伤人们对好习惯培养的信心。

5.我们常说万事开头难，一个新习惯的诞生，必然会冲击相应的旧习惯，而旧习惯不会轻易退出，它要顽抗，要垂死挣扎。另外，我们的机体、心灵也需要时间从一种状态过渡到另外的状态，需要一个适应过程。从记忆的角度讲，人也需要不断复习新建立的好习惯，以求强化它。所以，前三天要准备吃点苦，要下工夫，要特别认真，过了这一关，坦途就在眼前。

根据科学家的研究，一个好习惯的养成需要 21 天时间。但养成的习惯不一样，每个人的认真程度不一样、刻苦程度不一样，所用时间就不一样，因此可以把它确定为 1 个月。

6.为自己找个榜样，看看成功人士是如何改掉坏习惯的。

要改变坏习惯，青少年还可以尝试以下做法：

1.认识到自己有什么坏习惯必须改掉。例如使你逃避问题的习惯，使家人、朋友或同事厌烦的习惯，你觉得并不能带来愉快但又不能自拔的习惯等，都是必须改掉的坏习惯。

2.学一点风趣、机智，让别人与你谈话都觉得很愉快，乐意听你说话。

3.学会提问，而且问得恰当。问别人私事要适可而止，切不可追根问底。对别人关切的事能表示关怀，有诚意对他人作进一步的了解。

4.不可装着自己什么都懂。不知道就说不知道，诚恳地问人家，更容易给人亲切感。

5.找一些有利的新朋友。例如你要改掉暴饮暴食的习惯，就和饭量小的人一起吃饭；想戒烟的就尽量少和"大烟枪"在一起。

6.多参加各种各样的活动。不要把自己的快乐活动限制在你喜欢的那一、两项中。

7.凡事不必看得太严重。从日常平淡的生活中发掘乐趣，与你周围的人共享生活的甜美。

8.把握机会多交朋友。

9.多想别人好的一面，少提缺点。

锤炼一双勤劳的手

著名哲学家罗素指出："真正的幸福绝不会光顾那些精神麻木、四体不勤的人们，幸福只在辛勤的劳动和晶莹的汗水中。"

勤劳，是中华民族引以为荣的传统美德。而如今，一些青少年"饭来张口，衣来伸手"，"贪图安逸"成为他们生活的主题。殊不知，将来害的还是自己。

有一位老农，临死的时候，把他的 3 个儿子召集到床前，对他们说："我很快就要离开你们了，希望你们能在我去世之后比现在过得更好。我担心将来你会受苦。因此，在我们家的那块地里，我埋下了一坛金子，这是我一辈子积攒得来的。"老人去世后，他的儿子便在老人所说的土地上挖金子，令他们感到奇怪的是，他们翻遍了每一寸土地，却始终没有找到那坛金子。他们感到很失望。当时恰逢播种的季节，随着失落的心情，儿子们将那块地进行了耕种。

几个月过去了，收获的季节来临了，由于儿子们深翻了土地，因此获得了前所未有的大丰收。更令他们高兴的是：他们恍然明白了老人的用意。

俗语说：千金唾手得，一勤最难求。有勤劳的双手，才有美丽丰硕的人生。

比尔·盖茨曾说："懒惰、好逸恶劳乃是万恶之源，懒惰会吞噬一个人的心灵，就像灰尘可以使铁生锈一样，懒惰可以轻而易举地毁掉一个人，乃至一个民族。"

亚历山大征服波斯人之后，他亲眼目睹了这个民族的生活方式。亚历山大注意到，波斯人的生活十分腐朽，他们厌恶辛苦的劳动，却只想舒适地享受一切。亚历山大不禁感慨道："没有什么东西比懒惰和贪图享受更容易使一个民族奴颜婢膝的了；也没有什么比辛勤劳动的人们更高尚的了。"

对于任何人而言，懒惰都是一种堕落的、具有毁灭性的东西。懒惰、懈怠从来没有在世界历史上留下好名声，也永远不会留下好名声。懒惰是一种精神腐蚀剂，因为懒惰，人们不愿意爬过一个小山岗；因为懒惰，人们不愿意去战胜那些完全可以战胜的困难。

因此，那些生性懒惰的人不可能在社会生活中成为一个成功者，他们永远是失败者。成功只会光顾那些辛勤劳动的人们。懒惰是一种恶劣而卑鄙的精神重负，人们一旦背上了懒惰这个包袱，就只会整天怨天尤人、精神沮丧、无所事事，这种人将成为对社会的无用之人。

许多青少年在安逸的生活中忽略了懒惰的可怕性而变得愚昧无知，他们只会从享受中体味生活，却不懂得如何去营造生活、去创造生活。

勤劳和成功是相辅相成的，有很多人因为勤劳而成功，但却很少有因懒惰而成功的人。虽然勤劳并不一定能获得令人瞩目的巨大成功，但人们如果辛勤工作，却能够获得个人最大限度的成功。

成功的背后定有辛苦。远古人生火，要花很长的时间去摩擦木头或石头；要吃果实，就爬到很高的树上去摘。因此《圣经》中有两句话：

流泪撒种的，必欢呼收割。

那流着泪出去的，必要欢欢乐乐地带禾捆回来。

勤劳或懒惰不是天生的，很少有人一生下来就是辛勤的工作者，也很少有人是天生的懒虫，大多数人的勤劳或懒惰都是后天的，是习性所致。此外，孩童时期的家庭环境以及所受的教育，也都有很大的影响。

　　生活中，青少年要养成勤劳的习惯，应做到以下几点：

　　1. 自己的事自己做，比如洗衣服、刷鞋、收拾房间等。

　　2. 在学校里，多参加劳动；或走出校园，进行社会实践、公益活动。

　　3. 假期里打一份工，锻炼自己。

　　4. 去农村、山区体验生活，认识"勤劳"的价值。

告别拖延和惰性，把握今天

　　生活中，我们都会有这样一些经历：早上闹钟响了，想起床又告诉自己"再睡几分钟吧"，结果有可能会迟到；想给亲友、同学打个电话，等到几小时、几天之后才打；这个月需完成的学习任务要到下个月才写；衣服堆得有味了才洗……

　　拖延使青少年无数美好的梦想、计划变成幻想，使青少年丢失了"今天"。

　　成功学创始人拿破仑·希尔说："生活如同一盘棋，你的对手是时间，假如你行动前犹豫不决，或拖延行动，你将因时间过长而痛失这盘棋，你的对手是不容许你犹豫不决的！"拖延是行动的死敌，也是成功的死敌。拖延令我们永远生活在"明天"的等待之中，拖延的恶性循环使我们养成懒惰的习性、犹豫矛盾的心态，这样就成为一个永远只知抱怨叹息的落伍者、失败者、潦倒者。拖延是这样的可恶，然而却又这样的普遍，原因在哪里？

成功素质不足、自信不足、心态消极、目标不明确、计划不具体、策略方法不够多、知识不足、过于追求十全十美，这些都是原因。

其实拖延就是纵容惰性，也就是给了惰性机会，如果形成习惯，它会很容易消磨人的意志，使你对自己越来越失去信心，怀疑自己的毅力，怀疑自己的目标，甚至会使自己的性格变得犹豫不决，养成一种办事拖拉的作风。

一日有一日的理想和决断。昨日有昨日的事，今日有今日的事，明日有明日的事。今日的理想，今日的决断，今日就要去做，一定不要拖延到明日，因为明日还有新的理想与新的决断。

清代钱鹤滩写了一则《明日歌》：

明日复明日，明日何其多！

我生待明日，万事成蹉跎。

世人皆被明日累，春去秋来老将至。

朝看水东流，暮看日西坠。

百年明日能几何？请君听我《明日歌》。

它对于漠视"今天"的青少年来说，极有警诫意义。

杰出人士为了打败"拖延"这个敌人，往往会给自己制定一张严密而又紧凑的工作计划表，然后像尊重生命一样坚决地去执行它。

人们问富兰克林："你怎么能做那么多的事呢？""您看看我的时间表就知道了。"他的作息时间表是什么样子呢？

5点起床，规划一天事务，并自问："我这一天要做些什么事？"

上午8点至11点，下午2点至5点，工作。

中午12点至1点，阅读，吃午饭。

晚6点至9点，用晚饭、谈话、娱乐、考查一天的工作，并自问："我今天做了什么事？"

此外，由于种种原因，杰出人士也可能会被迫拖延自己想要做的工作，对于这种导致拖延的外在阻力，他们也有一套对付的方法。

维克多·雨果是19世纪法国著名作家。有一回，他为了创作一部新作品，便紧张地投入到工作中。可是，外面不断有人来邀他去赴宴，出于礼节，他不得不去，为此浪费了好多时间。最后，他想出了一个绝妙的办法，把自己的头发剪去一半，又把胡子剪掉，再把剪子扔到窗外。这样，他就不好出去会客，而不得不留在家里。于是他专心致志地埋头创作，把又一部巨著奉献给了人们。

惰性是人的一种劣根性，为了做成某件事，必须与它抗争，超越这种劣根性的钳制。但是这种抗衡和超越不容易心甘情愿，一开始总要由一些外力来强制，进而才能逐渐内化为恒定的精神和行为习惯。如果想战胜它，勤奋是唯一的方法。对于人来说，勤奋不仅是创造财富的根本手段，而且是防止被舒适软化、涣散精神的"防护堤"。

青少年如何克服拖延、摆脱惰性呢？美国著名组织管理专家、效率大师斯蒂妮·卡尔帕女士，曾提出18种有效的方法。青少年朋友不妨一试：

1. 承认拖延。

2. 接受挑战。

3. 列出所有的借口和拖延的后果。

4. 纠正自己，避免去说"等到……""暂时"这类的话。

5. 把制定期限视为一种生活方式。

6. 分而治之、积少成多，逐步完成。

7. 把一些工作分派给他人去做或干脆删除。

8. 保持整洁有序。

9. 不要过分准备。

10. 要果断坚决。

11. 定出优先顺序以利于制定计划。

12. 留意自己的精力周期，将冗长乏味的工作安排在你精力水平处于巅峰的时间段里去完成。

13. 把你的计划和做法告诉别人，尽力完成承诺。

14. 果断迈出第一步。

15. 一次只处理一个问题。

16. 不要三心二意。

17. 每完成一样工作或方案，就奖赏一下自己。

18. 不能做完的事不要开始，开始了就一定要做完。

每天自省 5 分钟

生活中，许多青少年面对问题时，总是说"我不是故意的"、"这不是我的错"、"本来不会这样的，都怪……"找借口、指责别人已经成为很多人的习惯，反省自己却比登天还难。人人都犯过错误，但很少有人能反省自己。

大多数人就是因为缺乏自省习惯，不晓得自己这些年以来的转变，才会看不清楚自己的本质。而一个不晓得自身变化的人，就无法由过去的演变经验来思考自己的未来，当然只能过一天算一天。

一个人如果能随时诘问自己过去的转变，就可以找出以往看待事物的观点是对还是错。若是正确，往后当然可以继续以此眼光去面对这个世界；万一是错的，也可以加以修正。如此，就可以帮助你以正确的观点去看待周围的事物。

著名作家梁晓声曾在随想录里回忆说，少年时代的他曾是一个爱撒谎的孩子，总是企图用谎话推掉自己对于某件事的责任。可是，这种撒谎的行为常常使他产生浓重的内疚感，他意识到自己在做不好的事，但还是忍不住去做，这使他处于非常矛盾的境地。

正是这样一种并不很坚定的自省意识，使他逐渐抑制住了爱撒谎的不好苗头，消灭了一种消极品性滋长的可能性。

1977年，梁晓声从复旦大学毕业。在去北京的火车上，他细细反省了一下自己在复旦3年的所作所为，将自己做过的亏心事细数了一遍。透过这些亏心事，梁晓声认识到了自身性格中的不少消极因素，诸如怯懦、"随风倒"等。认清了这些消极因素，梁晓声就通过自觉的努力去克服它们，从而使自己的性格朝着有利于成功的方向发展。

梁晓声说："我的最首位的人生信条是：'自己教育自己。'"他把反省列为人生信条的首位，肯定是有他自己的道理的。通过自省，他能够清晰地认识到自己性格中的种种消极因素，自觉地抑制这些因素的扩张。

曾子说："吾日三省吾身。"智者以世人为鉴，时刻反省；愚者只以自己为鉴，永远只能停留在原地。

人生天地间，浮浮沉沉、起起落落是常有的事情，这就要求我们必须随时自我反省，修正自己的错误，扬长补短。

青少年朋友，我们每天可以抽出5分钟时间，反省一下自己：

与人交往中，我今天有没有做不利于人际关系的事？在与某人的争执中我是否也存在不对的地方？对某人说的那句话是否得体？某人对我不友善是否有什么特殊原因？

做事的方法。今天所做的事，处理是否恰当？是否有不妥之处？怎样做才会更好？有没有补救措施？

到目前为止，我做了些什么事？有无进步？时间有无浪费？目标完成了多少？

反省的好处在于：可以修正自己的言行和方向，借修正言行来使自己进步。

每日反省5分钟，能纠正你做人处世的方法，让你有更加明确的方向。

第五章

战胜思维的弱点
——当世界无法改变，就改变自己

放掉无谓的固执

　　马祖道一禅师是南岳怀让禅师的弟子。他出家之前曾随父亲学做簸箕，后来父亲觉得这个行当太没出息，于是把儿子送到怀让禅师那里去学习禅道。在般若寺修行期间，马祖整天盘腿静坐，冥思苦想，希望能够有一天修成正果。有一次，怀让禅师路过禅房，看见马祖坐在那里面无表情，神情专注，便上前问道："你在这里做什么？"马祖答道："我在参禅打坐，这样才能修炼成佛。"怀让禅师静静地听着，没说什么走开了。第二天早上，马祖吃完斋饭准备回到禅房继续打坐，忽然看见怀让禅师神情专注地坐在井边的石头上磨些什么，他便走过去问道："禅师，您在做什么呀？"怀让禅师答道："我在磨砖呀。"马祖又问："磨砖做什么？"怀让禅师说："我想把他磨成一面镜子。"马祖一愣，道："这怎么可能呢？砖本身就没有光明，即使你磨得再平，它也不会成为镜子的，你不要在这上面浪费时间了。"怀让禅师说："砖不能磨成镜子，那么静坐又怎么能够成佛呢？"马祖顿时开悟："弟子愚昧，请师父明示。"怀让禅师说："譬如马在拉车，如果车不走了，你使用鞭子打车，还是打马？参禅打坐也一样，天天坐禅，能够坐地成佛吗？"

马祖一心执著于坐禅，所以始终得不到解脱，只有摆脱这种执著，才能有所进步。成佛并非执著索求或者静坐念经就可，必须要身体力行才能有所进步。一开始终日冥思苦想着成佛的马祖，在求佛之时，已经渐渐沦入歧途，偏离了参禅学佛的本意。马祖未能明白成佛的道理，就像他没有明白自己的本心一样，他不了解自己的内心如何与佛同在，所以他犯了"执"的错误。

百丈禅师每次说法的时候，都有一位老人跟随大众听法，众人离开，老人亦离开。老人忽然有一天没有离开，百丈禅师于是问："面前站立的又是什么人？"老人云："我不是人啊。在过去迦叶佛时代，我曾住持此山，因有位云游僧人问：'大修行的人还会落入因果吗？'我回答说：'不落因果。'就因为回答错了，使我被罚变成为狐狸身而轮回五百世。现在请和尚代转一语，为我脱离野狐身。"老人于是问："大修行的人还落因果吗？"百丈禅师答："不昧因果。"老人大悟，作礼说："我已脱离野狐身了，住在山后，请按和尚礼仪葬我。"百丈禅师真的在后山洞穴中，找到一只野狐的尸体，便依礼火葬。

这就是著名的"野狐禅"的故事，那个人为什么被罚变身狐狸并轮回五百世呢？就是因为他执著于因果，所以不得解脱。执著就像一个魔咒，令人心想挂念，不能自拔，最后常令人不得其果，操劳心神，反而迷失了对人生、对自身的真正认识。修佛也好，参禅也好，在认识和理解禅佛之前，修行者必须要先认识自己的本身，然后发乎情地做事，渐渐理解禅佛之意。如果执著于认识禅佛之道，最后连本身都不顾了，这就是本末倒置的做法。就像一个人做事之前，必须要理解自身所长，才能放手施为地去做事。如果只看到事物的好处而忽略了自身能力，又怎么可能将事情做好呢？这便是寻明心、安身心的魅力所在。

换种思路天地宽

有位老婆婆有两个儿子，大儿子卖伞，小儿子卖扇。雨天，她担心小儿子的扇子卖不出去；晴天，她担心大儿子的生意难做，终日愁眉不展。

一天，她向一位路过的僧人说起此事，僧人哈哈一笑："老人家你不如这样想：雨天，大儿子的伞会卖得不错；晴天，小儿子的生意自然很好。"

老婆婆听了，破涕为笑。

悲观与乐观，其实就在一念之间。

世界上什么人最快乐呢？犹太人认为，世界上卖豆子的人应该是最快乐的，因为他们永远也不用担心豆子卖不完。

假如他们的豆子卖不完，可以拿回家去磨成豆浆，再拿出来卖给行人；如果豆浆卖不完，可以制成豆腐，豆腐卖不成，变硬了，就当做豆腐干来卖；而豆腐干卖不出去的话，就把这些豆腐干腌起来，变成腐乳。

还有一种选择是：卖豆人把卖不出去的豆子拿回家，加上水让豆子发芽，几天后就可改卖豆芽；豆芽如果卖不动，就让它长大些，变成豆苗；如果豆苗还是卖不动，再让它长大些，移植到花盆里，当做盆景来卖；如果盆景卖不出去，那么再把它移植到泥土中去，让它生长。几个月后，它结出了许多新豆子。一颗豆子现在变成了上百颗豆子，想想那是多么划算的事！

一颗豆子在遭遇冷落的时候，可以有无数种精彩选择。人更是如此，当你遭受挫折的时候，千万不要丧失信心，稍加变通，再接再厉，就会有美好的前途。

条条大路通罗马，不同的只是沿途的风景，而在每一种风景中，我们都可以发现独一无二的精彩。

有一位失败者非常消沉，他经常唉声叹气，很难调整好自己的心态，因为他始终难以走出自己心灵的阴影。他总是一个人待着，脾气也慢慢变得暴躁起来。他没有跟其他人进行交流，他更没有把过去的失败统统忘掉，而是全部锁在心里。但他并没有尝试着去寻找失败的原因，因此，虽然始终把失败揣在心里，却没有真正吸取失败的教训。

后来，失败者终于打算去咨询一下别人，希望能够帮自己摆脱困境。于是，他决定去拜访一名成功者，从他那里学习一些方法和经验。

他和成功者约好在一座大厦的大厅见面，当他来到那个地方时，眼前是一扇漂亮的旋转门。他轻轻一推，门就旋转起来，慢慢将他送进去。刚站稳脚步，他就看到成功者已经在那里等候自己了。

"见到你很高兴，今天我来这里主要是向你学习成功的经验。你能告诉我成功有什么窍门吗？"失败者虔诚地问。

成功者突然笑了起来，用手指着他身后的门说："也没有什么窍门，其实你可以在这里寻找答案，那就是你身后的这扇门。"

失败者回过头去看，只见刚才带他进来的那扇门正慢慢地旋转着，把外面的人带进来，把里面的人送出去。两边的人都顺着同一个方向进进出出，谁也不影响谁。

"就是这样一扇门，可以把旧的东西放出去，把新的东西迎进来。我相信你也可以做得到，而且你会做得更好！"成功者鼓励他说。

失败者听了他的话，也笑了起来。

失败者与成功者的最大区别是心态的不同。失败者的心态是消极的，结果终日沉湎于失败的往事，被痛苦的阴影笼罩，无法解脱；而成功者的心态是开放的、积极的，能从一扇门领悟到成功的哲理，从而取得更多的成就。

心随境转，必然为境所累；境随心转，红尘闹市中也有安静的书桌。人生像是一张白纸，色彩由每个人自己选择；人生又像是一杯白开水，放入茶叶则苦，放入蜂蜜则甜，一切都在自己的掌握中。

不做无谓的坚持，要学会转弯

生活中很多再平常不过的事情中其实都有禅理，只是疲于奔波的众生早已丧失了于细微处探究竟的兴趣和能力。佛家所言，其实今天的我们已经不再是昨天的我们，为了在今天取得进步、重建自我就必须放下昨天的自己；为了迎接新兴的，就必须放下旧有的。想要喝到芳香醇郁的美酒就得放下手中的咖啡，想要领略大自然的秀美风光就要离开喧嚣热闹的都市，想要获得如阳光般明媚开朗的心情就要驱散昨日烦恼留下的阴霾。

放得下是为了包容与进步，放下对个人意见的执著才能包容，放下今日旧念的执著才会进步。表面看来，放下似乎意味着失去，意味着后退，其实在很多情况下，退步本身就是在前进，是一种低调的积蓄。

一位学僧斋饭之余无事可做，便在禅院里的石桌上作起画来。画中龙争虎斗，好不威风，只见龙在云端盘旋将下，虎踞山头作势欲扑。但学僧描来抹去几番修改，却仍是气势有余而动感不足。正好无德禅师从外面回来，见到学僧执笔前思后想，最后还是举棋不定，几个弟子围在旁边指指点点，于是就走上前去观看。学僧看到无德禅师前来，于是就请禅师点评。无德禅师看后说道："龙和虎外形不错，但其秉性表现不足。要知道，龙在攻击之前，头必向后退缩；虎要上前扑时，头必向下压低。龙头向后曲度愈大，就能冲得越快；虎头离地面越近，就能跳得越高。"学僧听后非常佩服禅师的见解，于是说道："老师真是慧眼独具，我把龙头画得太靠前，虎头也抬得太高，怪不得总觉得动态不足。"无德禅师借机说："为人处世，亦如同参禅的道理。退却一步，才能冲得更远；谦卑反省，才会爬得更高。"另外一位学僧有些不解，问道："老师！退步的人怎么可能向前？谦卑的人怎么可能爬得更高？"无德禅师严肃地对他说："你们且听我的诗偈：'手把青秧插满田，低头便见水中天；身心清净方为道，退步原来是向前。'你们听懂了吗？"学僧们听后，点头，似有所悟。

无德禅师此刻在弟子们心中插满了青秧，不知弟子们看见了秧田的水中天否？进是前，退亦是前，何处不是前？无德禅师以插秧为喻，向弟子们揭示了进退之间并没有本质的区别。做人应该像水一样，能屈能伸，既能在万丈崖壁上挥毫泼墨，好似银河落九天，又能在幽静山林中蜿蜒流淌，自在清泉石上流。

佛陀在世时，受到世人敬仰与称赞。有一个人对此颇为不服，终日咒骂，有一天，这个人索性跑到了佛陀面前，当着他的面破口大骂。但是，无论他的言语多么不堪入耳，佛陀始终沉默相对，甚至面带微笑。终于，这个人骂累了。他既暴躁又不解，不知道佛陀为何不开口说话。佛陀似乎看到了他心中的困惑，对他说："假如有人想送给你一件礼物，而你不喜欢，也并不想接受，那么这件礼物现在是属于谁的呢？"这个人不明白佛陀的意思，略一思量，回答道："当然还是要送礼物的这个人的了。"佛陀笑着点头，继续问他："刚才你一直在用恶毒的语言咒骂我，假如我不接受你的这些赠言，那么，这些话是属于谁的呢？"他一时语塞，方才醒悟到自己的错误，于是他低下头，诚恳地向佛陀道歉，并为自己的无礼而忏悔。

退一步海阔天空并非是一句空话，佛陀并未因为他人对自己的无礼而气愤，反而沉默相对，似乎在步步后退，当这个人心生困惑时甚至耐心地予以开释。他人步步紧逼，而佛陀却始终淡然处之。有退有进，以退为进，绕指柔化百炼钢，也是人生的大境界。

有一种智慧叫"弯曲"

人生之旅，坎坷颇多，难免直面矮檐，遭遇逼仄。

弯曲，是一种人生智慧。在生命不堪重负之时，适时适度地低一下头，弯一下腰，抖落多余的负担，才能够走出屋檐而步入华堂，避开逼仄而迈向辽阔。

孟买佛学院是印度最著名的佛学院之一，这所佛学院的特点是建院历史悠久，培养出了许多著名的学者。还有一个特点是其他佛学院所没有的，这是一个极其微小的细节。但是，所有进入过这里的学员，当他们再出来的时候，无一例外地承认，正是这个细节使他们顿悟，正是这个细节让他们受益无穷。

这是一个被很多人忽视的细节：孟买佛学院在它正门的一侧，又开了一个小门，这个门非常小，一个成年人要想过去必须弯腰侧身，否则就会碰壁。

其实，这就是孟买佛学院给学生上的第一堂课。所有新来的人，老师都会引导他到这个小门旁，让他进出一次。很显然，所有的人都是弯腰侧身进出的，尽管有失礼仪和风度，却达到了目的。老师说，大门虽然能够让一个人很体面很有风度地出入。但很多时候，人们要出入的地方，并不是都有方便的大门，或者，即使有大门也不是可以随便出入的。这时，只有学会了弯腰和侧身的人，只有暂时放下面子和虚荣的人，才能够出入。否则，你就只能被挡在院墙之外。

孟买佛学院的老师告诉他们的学生，佛家的哲学就在这个小门里。

其实，人生的哲学何尝不在这个小门里。人生之路，尤其是通向成功的路上，几乎是没有宽阔的大门的，所有的门都需要弯腰侧身才可以进去。因此，在必要时，我们要能够学会弯曲，弯下自己的腰，才可得到生活的通行证。

人生之路不可能一帆风顺，难免会有风起浪涌的时候，如果迎面与之搏击，就可能会船毁人亡，此时何不退一步，先给自己一个海阔天空，然后再图伸展。

妙善禅师是世人景仰的一位高僧，被称为"金山活佛"。他于 1933 年在缅甸圆寂，其行迹神异，又慈悲喜舍，所以，直至现在，社会上还流传着他难行能行、难忍能忍的奇事。

在妙善禅师的金山寺旁有一条小街，街上住着一个贫穷的老婆婆，与独生子相依为命。偏偏这儿子忤逆凶横，经常喝骂母亲。妙善禅师知道这件事后，常去安慰这老婆婆，和她说些因果轮回的道理，逆子非常讨厌禅师来家里，有一天起了恶念，悄悄拿着粪桶躲在门外，等妙善禅师走出来，便将粪桶向禅师兜头一盖，刹那间腥臭污秽淋满禅师全身，引来了一大群人看热闹。

妙善禅师却不气不怒，一直顶着粪桶跑到金山寺前的河边，才缓缓地把粪桶取下来，旁观的人看到他的狼狈相，更加哄然大笑，妙善禅师毫不在意地道："这有什么好笑的？人本来就是众秽所集的大粪桶，大粪桶上面加个小粪桶，有什么值得大惊小怪的呢？"

有人问他："禅师，你不觉得难过吗？"

妙善禅师道："我一点儿也不会难过，老婆婆的儿子以慈悲待我，给我醍醐灌顶，我正觉得自在哩！"

后来，老婆婆的儿子为禅师的宽容感动，改过自新，向禅师忏悔谢罪，禅师高兴地开释他，受了禅师的感化，逆子从此痛改前非，以孝闻名乡里。

妙善禅师将身体看做大的粪桶，加个小的粪桶，也不稀奇。这种认识正是他高尚的人格和道德慈悲的表现，而正是这一刻他弯下了腰，忍住了屈辱，才感化了忤逆的年轻人。

为人处世，参透屈伸之道，自能进退得宜，刚柔并济，无往不利。能屈能伸，屈是能量的积聚，伸是积聚后的释放；屈是伸的准备和积蓄，伸是屈的志向和目的。屈是手段，伸是目的。屈是充实自己，伸是展示自己。屈是柔，伸是刚。屈是一种气度，伸更是一种魄力。伸后能屈，需要大智；屈后能伸，需要大勇。屈有多种，并非都是胯下之辱；伸亦多样，并不一定叱咤风云。屈中有伸，伸时念屈；屈伸有度，刚柔并济。

人生有起有伏，当能屈能伸。起，就起他个直上云霄；伏，就伏他个如龙在渊；屈，就屈他个不露痕迹；伸，就伸他个清澈见底。这是多么奇妙、痛快、潇洒的情境啊！

人生处处有死角，要懂得转弯

任何事物的发展都不是一条直线，聪明人能看到直中之曲和曲中之直，并不失时机地把握事物迂回发展的规律，通过迂回应变，达到既定的目标。

顺治元年（1644年），清王朝迁都北京以后，摄政王多尔衮便着手进行武力统一全国的战略部署。当时的军事形势是：农民军李自成部和张献忠部共有兵力四十余万；刚建立起来的南明弘光政权，汇集江淮以南各镇兵力，也不下五十万人，并雄踞长江天险；而清军不过二十万人。如果在辽阔的中原腹地同诸多对手作战，清军兵力明显不足。况且迁都之初，人心不稳，弄不好会造成顾此失彼的局面。

多尔衮审时度势，机智灵活地采取了以迂为直的策略，先怀柔南明政权，集中力量攻击农民军。南明当局果然放松了对清的警惕，不但不再抵抗清兵，反而派使臣携带大量金银财物，到北京与清廷谈判，向清求和。这样一来，多尔衮在政治上、军事上都取得了主动地位。顺治元年七月，多尔衮对农民军的进攻取得了很大进展，后方亦趋稳固。此时，多尔衮认为最后消灭明朝的时机已经到来，于是，发起了对南明的进攻。当清军在南方的高压政策和暴行受阻时，多尔衮又施以迂为直之术，派明朝降将、汉人大学士洪承畴招抚江南。顺治五年，多尔衮以他的谋略和气魄，基本上完成了清朝在全国的统治。

迂回的策略，十分讲究迂回的手段。特别是在与强劲的对手交锋时，迂回的手段高明、精到与否，往往是能否在较短的时间内由被动转为主动的关键。

美国当代著名企业家李·艾柯卡在担任克莱斯勒汽车公司总裁时，为了争取到10亿美元的国家贷款来解公司之困，他在正面进攻的同时，采用了迂回包抄的办法。一方面，他向政府提出了一个现实的问题，即如果克莱斯勒公司破产，将有60万左右的人失业，第一年政府就要为这些人支出27亿美元的失业保险金和社会福利开销，政府到底是愿意支出这27亿呢，还是愿意借出10亿极有可能收回的贷款？另一方面，对那些可能投反对票的国会议员们，艾柯卡吩咐手下为每个议员开列一份清单，单上列出该议员所在选区所有同克莱斯勒有经济往来的代销商、供应商的名字，并附有一份万一克莱斯勒公司倒闭，将在其选区产生的经济后果的分析报告，以此暗示议员们，若他们投反对票，因克莱斯勒公司倒闭而失业的选民将怨恨他们，由此也将危及他们的议员席位。

这一招果然很灵，一些原先激烈反对向克莱斯勒公司贷款的议员们不再说话了。最后，国会通过了由政府支持克莱斯勒公司15亿美元的提案，比原来要求的多了5亿美元。

俗话说："变则通，通则久！"所以在经历一些暂时没有办法解决的事情面前，我们应该学着变通，不能死钻牛角尖，此路不通就换条路。有更好的机会就赶快抓住，不能一条路走到黑，生活不是一成不变的，有时候我们转过身，就会突然发现，原来我们的身后也藏着机遇，只是当时的我们赶路太急，把那些美好的事物给忽略掉了。

改变世界，从改变自己开始

在威斯敏斯特教堂地下室里，英国圣公会主教的墓碑上刻着这样的一段话：

当我年轻自由的时候，我的想象力没有任何局限，我梦想改变这个世界。

当我渐渐成熟明智的时候，我发现这个世界是不可能改变的，于是我将眼光放得短浅了一些，那就只改变我的国家吧！

但是我的国家似乎也是我无法改变的。

当我到了迟暮之年，抱着最后一丝努力的希望，我决定只改变我的家庭、我亲近的人——但是，唉！他们根本不接受改变。

现在在我临终之际，我才突然意识到：如果起初我只改变自己，接着我就可以依次改变我的家人。然后，在他们的激发和鼓励下，我也许就能改变我的国家。再接下来，谁又知道呢，也许我连整个世界都可以改变。

这段墓文令人深思。

大文豪托尔斯泰也说过类似的话："全世界的人都想改变别人，就是没人想改变自己。"别说命运对你不公平，其实上帝给每个人都分配了美好的将来，只是看你有没有把握住自己的人生了。有的人用习惯的力量让自己抓住了命运的手。有的人虽然最初与命运擦肩而过，但是他们改变了自己，又让命运转回了微笑的脸。

原一平，美国百万圆桌会议终身会员，荣获日本天皇颁赠的"四等旭日小绶勋章"，被誉为日本的推销之神，但其实在他小的时候是以脾气暴躁、调皮捣蛋、叛逆顽劣而恶名昭彰的，被乡里人称为无药可救的"小太保"。

在原一平年轻时，有一天，他来到东京附近的一座寺庙推销保险。他口若悬河地向一位老和尚介绍投保的好处。老和尚一言不发，很有耐心地听他把话讲完，然后以平静的语气说："听了你的介绍之后，丝毫引不起我的投保兴趣。年轻人，先努力去改造自己吧！""改造自己？"原一平大吃一惊。"是的，你可以去诚恳地请教你的投保户，请他们帮助你改造自己。我看你有慧根，倘若你按照我的话去做，他日必有所成。"

从寺庙里出来，原一平一路思索着老和尚的话，若有所悟。接下来，他组织了专门针对自己的"批评会"，请同事或客户吃饭，目的是让他们指出自己的缺点。

原一平把种种可贵的逆耳忠言一一记录下来。通过一次次的"批评会"，他把自己身上那一层又一层的劣根性一点点剥落掉。

与此同时，他总结出了含义不同的39种笑容，并一一列出各种笑容要表达的心情与意义，然后再对着镜子反复练习。

他开始像一条成长的蚕，在悄悄地蜕变着。

最终，他成功了，并被日本国民誉为"练出价值百万美金笑容的小个子"；美国著名作家奥格·曼狄诺称之为"世界上最伟大的推销员"。

"我们这一代最伟大的发现是，人类可以由改变自己而改变命运。"原一平用自己的行动印证了这句话，那就是：有些时候，迫切应该改变的或许不是环境，而是我们自己。

也许你不能改变别人，改变世界，但你可以改变自己。幸福、成功的第一步，唯需从改变自己开始。

方法错了，越坚持走得越慢

"愚公移山"的故事，老少皆知。我们钦佩愚公的干劲、执著，但同时也有人抱质疑态度：若愚公搬一次家，又何至于让子子孙孙都辛苦一生？

工作中，许多人常咬紧"青山"不放松，永不言放弃，却只能头破血流、两败俱伤。变一回视线，换一次角度，找一下方法，将会"柳暗花明又一村"。

小马到一家公司去推销商品。他恭敬地请秘书把名片交给董事长，正如所料，董事长还是把名片丢了回去。

"怎么又来了！"董事长有些不耐烦。无奈，秘书只得把名片退还给立在门外受尽冷落的小马，但他毫不在意地再把名片递给秘书。

"没关系，我下次再来拜访，所以还是请董事长留下名片。"

拗不过小马的坚持，秘书硬着头皮，再进办公室，董事长火了，将名片撕成两半，丢给秘书。秘书不知所措地愣在当场，董事长更生气了，从口袋拿出 10 块钱说道："10 块钱买他一张名片，够了吧！"

哪知当秘书递还给业务员名片与钞票后，小马很开心地高声说："请你跟董事长说，10 块钱可以买两张我的名片，我还欠他一张。"随即他再掏出一张名片交给秘书。突然，办公室里传来一阵大笑，董事长走了出来说道："这样的业务员不跟他谈生意，我还找谁谈？"说着把小马请进了办公室。

大多数情况下，正确的方法比坚持的态度更有效、更重要。

坚持固然是一种良好的品性，但在有些事上过度地坚持，反而会导致更大的浪费。因此，在做一件事情时，在没有胜算的把握和科学根据的前提下，应该见好就收，知难而退。

有两个朋友分别住在沙漠的南北两端，由于干旱，饮水成了生存最主要的问题。还好，在沙漠的中心有一眼泉水。为了能喝到水，每天他们都要到沙漠中心去挑水，日子过得非常辛苦。

两个人每天都在约定的时间到泉水处，先是聊聊天，然后分别挑起水回家，这样一直坚持了 5 年。

忽然有一天，南边的人在泉水的地方没有见到北边的人，他心想："他大概睡过头了。"可是第二天，他还是没有见到北边的那个人来挑水。过了一个星期，北边的人始终没有来，南边的人着急了，以为他出了什么意外，于是就收拾行装去北边看望他的朋友。

等他到达北边的时候，远远地看见他朋友家的烟囱上冒出浓烟，还闻到了菜香味儿。"这哪里像一个星期没有水的样子？"他心想。

"我都一个星期没见到你挑水了，难道你不用喝水吗？"南边的人问。

"我当然不会一个星期不喝水！"说完，北边的人把南边的人带到他家的后院，指着一口井说："5 年来，我每天都抽空挖这口井。我们现在都还年轻，还有力气每天走很远的路去挑水，等我们老了的时候怎么办，你想过没有？就在一个星期前，我的井里开始有了水，这口井足足用了我 5 年的时间才挖成。虽然很辛苦，但是以后我就不用走那么远的路去挑水了！"

从中可见，每天都坚持着辛苦挑水并非最佳的路子，找到水源才是根本方法。

在形形色色的问题面前，在人生的每一次关键时刻，聪明的企业员工会灵活地运用智慧，做最正确的判断，选择属于自己的正确方向。同时，他会随时检视自己选择的角度是否产生偏差，适时地进行调整，而不是以坚持到底为圭臬，只凭一套哲学，便欲强渡职场中所有的关卡。时时留意自己执著的意念是否与成功的法则相抵触，追求成功，并非意味着我们必须全盘放弃自己的执著，去迁就成功法则。只需在意念、方法上做灵活的修正，我们将离成功越来越近。

换个角度，世界就会不一样

在现实生活中，情绪失控有很多原因，其中最常见的就是认为生活不如意，大事小事都与自己理想中的景象相去甚远。其实这种情况下，你大可不必死钻牛角尖，不妨换个角度来看问题，或许你就会有意料不到的收获，你的生活也就会不断充满希望与喜悦。

有这样一个故事：

在波涛汹涌的大海中，有一艘船在波峰浪谷中颠簸。一位年轻的水手顺着桅杆爬向高处去调整风帆的方向，他向上爬时犯了一个错误——低头向下看了一眼。浪高风急顿时使他恐惧，腿开始发抖，身体失去了平衡。这时，一位老水手在下面喊："向上看，孩子，向上看！"这个年轻的水手按他说的去做，重新获得了平衡，终于将风帆调整好。船驶向了预定的航线，躲过了一场灾难。

换个角度看问题，视野要开阔得多，即使处在同一个位置。我们未尝不可从多个角度去分析事物、看待事物。换个角度，其实也是一种控制情绪的好方法。

如果我们能从另一个角度看人，说不定很多缺点恰恰是优点。一个固执的人，你可以把他看成是一个"信念坚定的人"；一个吝啬的人，你可以把他看成是一个"节俭的人"；一个城府很深的人，你可以把他看成是一个"能深谋远虑的人"。

第六章

战胜交际的弱点
——
决定你上限的不是能力，而是格局

ruhe zhansheng
renxing de
ruodian

与人争辩，你永远不会真赢

与别人看法和意见不一致，就去跟别人争辩？这样的想法是错的。因为在你争辩的过程当中，势必会想办法证明自己是对的，别人是错的。

通常情况下，没有人愿意听到别人对于自己的批评和指正，所以即使我们说的是对的，他也未必能够听进去。再者，争论的过程中，每一方都以对方为"敌"，试图以一己的观念强加于别人而根本不把对方的意见放在眼里，最终一定会伤害彼此之间的情感，引发很多不必要的误解。

美国耶鲁大学的两位教授曾经做过一项实验。他们耗费了7年的时间，调查了种种争论的实态。例如，店员之间的争执，夫妇间的吵架，售货员与顾客间的斗嘴等，甚至还调查了联合国的讨论会。结果，他们证明了凡是去攻击对方的人，绝对无法在争论方面获胜。

当别人在和你谈话时，他根本没有准备请你说教，若你自作聪明，拿出更高超的见解，对方绝不会乐意接受。所以，你不可随便摆出要教导别人的姿态。你的同事向你提出一个意见时，你若不能赞同，最低限度要表示可以考虑，但不可马上反驳。要是你的朋友和你谈天，你更要注意，太多的执拗会把一切有趣的生活变得乏味。遇上别人真的错了，又不肯接受批评或劝告时，别急于求成，往后退一步，把时间延长些，隔一天或两个星期再谈吧！否则大家都固执，就不仅没有进展，反而互相伤害感情，造成隔阂了。

许多人因为喜欢表示不同意见，而得罪了同事，所以常常有人认为不要轻易表示出不同意见。这种看法是很片面的。只要你的办法是正确的，向别人表示自己的不同意见，不但不会得罪人，而且有时还会大受欢迎，使人有"听君一席话，胜读十年书"之感。

那么怎样才能有效避免争论呢？大致可以从以下几方面做起：

1. 欢迎不同的意见。

当你与别人的意见始终不能统一的时候，这时就要求舍弃其中之一。人的脑力是有限的，有些方面不可能完全想到，因而别人的意见是从另外一个人的角度提出的，总有些可取之处，或者比自己的更好。这时你就应该冷静地思考，或两者互补，或择其善者。如果采取的是别人的意见，就应该衷心感谢对方，因为有可能此意见使你避开了一个重大的错误，甚至奠定了你一生成功的基础。

2. 不要相信直觉。

每个人都不愿意听到与自己不同的声音。当别人提出与你不同的意见时，你的第一个反应是要自卫，为自己的意见进行辩护并竭力地去找根据，这完全没有必要。这时你要平心静气地、公平、谨慎地对待两种观点（包括你自己的），并时刻提防你的直觉（自卫意识）对你做出正确抉择的影响。值得一提的是，有的人脾气不好，听不得反对意见，一听见就会暴躁起来。这时就应控制自己的脾气，让别人陈述观点，不然，就未免气量太窄了。

3. 耐心把话听完。

每次对方提出一个不同的观点，不能只听一点儿就开始发作了，要让别人有说话的机会。一是尊重对方，二是让自己更多地了解对方的观点，以判断此观点是否可取，努力建立了解的桥梁，使双方都完全知道对方的意思，不要弄巧成拙。否则的话，只会增加彼此沟通的障碍和困难，加深双方的误解。

4. 仔细考虑反对者的意见。

在听完对方的话后，首先想的就是去找你同意的意见，看是否有相同之处。如果对方提出的观点是正确的，则应放弃自己的观点，而考虑采取他们的意见。一味地坚持己见，只会使自己处于尴尬境地。

5. 真诚对待他人。

如果对方的观点是正确的，就应该积极地采纳，并主动指出自己观点的不足和错误的地方。这样做，有助于解除反对者的武装，减少他们的防卫，同时也缓和了气氛。

做任何事都要留有余地

与人相处要记得时刻给别人留有余地，只有不把事做绝，不把话说死，于情不偏激，于理不过头，才能在与人相处时游刃有余。很多年轻人眼中揉不得一点儿沙子，发现别人的错误，不管什么场合、什么时机，非狠狠地给予批评和抨击才觉得心安。殊不知，自己的批评已经把对方逼入绝境了，更不知对方已经讨厌自己了。说话办事都要顾及别人的感受，都要给别人留一点儿回旋的余地。在给别人方便的同时，也给了自己成功的可能。

在克劳利任纽约中央铁路局的总经理期间，有一次差点儿出了大事故。有两个工程师，他们都在铁路上服务了很长时间，但就是这样的两个人犯下了大错：由于他们的疏忽，差点儿使两列火车迎头撞上。这么严重的事是完全不可推诿的，上司命克劳利解雇这两名员工。但是克劳利却持反对意见。

"像这样的情况，应当给予相当的考虑，"他反对说，"确实，他们的这种行为是不可宽恕的，是理应受到严厉惩罚的。你可以对他们进行严厉的处罚和教训，但是不可剥夺他们的位置，夺去他们唯一可以为生的职业。总的看来，这些年，他们不知创造了多少好成绩，为铁路事业的发展立下了汗马功劳。仅仅由于他们这次的疏忽，就要全盘否定他们以前的功绩，这样未免太不公平。你可以惩治他们，但是不可以开除他们。如果你一定要开除他们的话，那么，就连我也一起开除吧！"

结果克劳利取得了胜利，两名工程师被留了下来，一直都在铁路局工作，后来他们都成了忠诚而效率极高的员工。

克劳利给下属留了余地，同时也给了自己事业更好的发展之路。反之，如果你逞一时之快断尽别人的退路，那么当危机来临时，没有一扇门会为你打开。

有只狐狸和毛驴是非常好的朋友。狐狸在生病时，毛驴到处找食物给狐狸吃，狐狸在毛驴的精心照顾下，身体很快就康复了。为此，狐狸很感激毛驴，并发誓说："毛驴大哥，我以后一定会好好报答你的。"

毛驴相信了狐狸的话，把狐狸当成了自己最真挚的朋友。毛驴只要找到了好吃的，就留一半给狐狸，还真心诚意地对狐狸说："兄弟，只要我们俩团结一致，互相帮助，就没有战胜不了的困难，也不用再惧怕森林中的狮子了。"

"是的，是的，只要我们俩联手，狮子也会怕我们三分。"狐狸边吃着毛驴送来的食物边说。

一天，狐狸和毛驴结伴到森林里寻找食物，在路上它们碰到了狮子。

狐狸发现危机当前，便对狮子说，只要狮子答应不伤害它，它就帮助狮子捉到毛驴，狮子同意了。

毛驴听后，生气地对狐狸说："现在大敌当前，我们只要精诚团结，肯定能战胜狮子，你怎么能出卖我呢？"

"老哥，我这是与狮子斗智呢！我刚才是骗它的。你看。那边有个大坑，你跳进去躲起来，狮子交给我来对付就行了。"狐狸故意压低声音对毛驴说。

"谢谢，好兄弟。"毛驴感动得掉下了眼泪，毫不犹豫地跳进了那个深坑里。

"尊敬的狮王，我已把那该死的蠢毛驴骗进了深坑里，现在你可以放了我，去吃你的美餐了。"狐狸向狮子谄媚道。

"呸，毛驴已逃不掉了，早晚会成为我的盘中之餐，现在，我要吃的是你！"说完，狮子猛扑上去，咬死了狐狸。

没有人可以永远一帆风顺，也没有人可以保证自己在生活中永远高枕无忧。就像那只狐狸，平日里再风光、再得意，有一天也会面临失败的危机。当你面临危机时，有朋友扶你一把吗？你的同事会热心地伸出援助之手，还是冷漠地袖手旁观呢？这一切，都取决你平日里的所作所为。若是你为别人留余地，那么你就会发现，有很多双手拉你出泥沼。而如果你总是切断别人的退路，总把别人逼入绝境，还有谁会帮你呢？他们不落井下石就是对你的仁慈了。

俗话说："人活脸，树活皮。"此话道出了人性的一大特点：爱面子。可是我们不能只爱自己的面子，而不给他人面子。每个人都有一道最后的心理防线，一旦我们不给他人退路，不给他人台阶下，他只好使出最后一招——自卫。因此，当我们遇事待人时，应谨记一条原则：给别人留点儿余地。

打破吝啬的樊篱，养成一颗布施心

罗素说过，吝啬，比其他事更能阻止人们过自由而高尚的生活。就是告诉我们一定要摒弃吝啬的不良习惯。

凡吝啬的人一般都是自私的、贪婪的。这类人只是嫌自己发财速度太慢，总嫌发财"效率"太低，总想不劳而获或者少劳多获，因而挖空心思地、不择手段地算计他人、算计集体、算计社会，一般的情况是：在吝啬者口袋里的金钱或多或少地带有不洁的成分，廉耻、天良、

真理，都会沉溺在吝啬者的吝啬之中。

这种过于吝啬的习性表现是只想索取，不想奉献。

有个勤劳而忠实的男孩叫汤姆，他一个人住在一间小屋子里，并且拥有一座在村庄里最美丽的花园。小汤姆有很多的朋友，但其中有一个磨坊主叫汤恩。汤恩是个很富有的人，他总自称是小汤姆最忠厚的朋友，因此他每次到小汤姆的花园来时，都以最好的朋友的身份拎走一大篮子各种美丽的鲜花，在水果成熟的季节还拿走许多水果。

汤恩经常说："真正的朋友就该分享一切。"而他却从来没有给过小汤姆什么。

冬天的时候，小汤姆的花园枯萎了。"忠实的"磨坊主朋友

从来没去看望过孤独、寒冷、饥饿的小汤姆。

汤恩在家里对他的家人说:"冬天去看小汤姆是不恰当的,人们经受困难的时候心情烦躁,这时候必须让他们拥有一份宁静,去打扰他们是不好的。而春天来的时候就不一样了,小汤姆花园里的花都开放了,我去他那采回一大篮子鲜花,我会让他多么高兴啊。"

磨坊主天真无邪的儿子问他:"爸爸,为什么不让小汤姆到咱们家来呢?我会把我的好吃的、好玩的都分给他一半。"

谁想到磨坊主却被儿子的话气坏了,他怒斥这个已经上了学,仍然什么都不懂的孩子。他说:"如果小汤姆来到我们家,看到了我们烧得暖烘烘的火炉,我们丰盛的晚饭,以及我们甜美的红葡萄酒,他就会心生妒意,而嫉妒则是友谊的大敌。"

磨坊主汤恩的高论让我们看到了吝啬的人在面对生活时的丑恶嘴脸。吝啬者金钱、财富都不缺,然而其灵魂、其精神却是在日趋贫穷。

吝啬果真能给吝啬者带来愉快吗?不能。其实吝啬者的生活是最不安宁的,他们整天忙着的是挣钱,最担心的是丢钱,唯恐盗贼将他的金钱全部偷走,唯恐一场大火将其财产全部吞噬掉,唯恐自己的亲人将它全部挥霍掉,因而整天提心吊胆,坐立不安,永远不会是愉快的。

所以,我们要远离吝啬的魔鬼,走出吝啬的灰暗,寻找生命中那一份与人分享的蓝天。施予的追求没有资格的限制,再吝啬、再坏的人，只要决心想给予，就可以透过训练开启布施之心。在生活中，让我们学会"布施"吧。因为，只有如此，才能让我们得到更多，学会给予，才能收获幸福；懂得付出，才能有更多收获。

得饶人处且饶人，得理也要让三分

作家之所以能够创作出优秀的作品往往是来自于其丰富的人生阅历，以及对生活的深刻感悟。畅销书作家托尼·希勒获得过美国侦探小说家大师奖。他的作品之所以深受读者的欢迎，与他个人的成长经历是密不可分的。他第一次打工就给他上了生动的一课。当时他去是做农场工，这次打工经历不仅使他赚得了人生第一笔收入，而且受益匪浅。

他在 14 岁时，英格拉姆先生敲响了他家农舍的门。这个老佃农住在马路那头大约一英里的地方，想找人帮助收割一块苜蓿地。托尼也欣然应允，于是这就是他得到的第一份有报酬的工作，1 小时 12 美分，要知道这在 1939 年已经很不错了，当时还属于经济大萧条时期。

一天，英格拉姆先生发现一辆装有西瓜的卡车陷在自家的瓜地中。而原本整齐的瓜地里此刻却一片狼藉，瓜秧被毁坏，西瓜都被摘掉了。显然，有人想用卡车偷走这些西瓜，却没有料到客车陷进去拉不出来。这时，环顾四周不见一个人影。看到这种情景，英格拉姆先生并没有勃然大怒，反而非常平静，只是说车主很快就会回来的，让托尼在那儿看着，长点儿见识。此时，托尼也在思索，英格拉姆先生到底会用什么方式来对待这几个前来偷盗的人呢？果然没过多久，正如他所料，一个在当地因打架和偷窃而臭名昭著的家伙带着两个体格粗壮的儿子出现了。他们看起来非常恼怒。

英格拉姆先生见到这几个来势汹汹的人没有质问他们，却用平静的口吻说道："哎，我想你们要买些西瓜吧？"

那个男人显然没有料到，他们处心积虑要偷窃西瓜的主人会用这种方式来应对。他回答前沉默了很久："嗯，我想是的。你要多少钱一个？"

"25美分1个。"

"好吧，你帮我把车弄出来吧，我看这价格还合适。"

于是，英格拉姆先生以宽容的心态，巧妙的处事艺术，化干戈为玉帛。双方本来是剑拔弩张的境况下，居然用寥寥几句话双方达成了一致，顺利完成了一笔交易。而且，这笔交易成了他们夏天里最大的一笔买卖，而且还避免了一场危险的暴力事件。等他们走后，英格拉姆先生笑着对他说："孩子，如果不宽恕敌人，就会失去朋友。"这句话使托尼回味良久，透过这句话他明白了英格拉姆先生处事的哲理。

这件事给托尼留下了非常深刻的印象，使他明白了要学会包容。试想，如果当初英格拉姆先生针锋相对地揭穿对方的偷窃真相，这个偷窃事件肯定会演变成暴力事件，双方都会受到伤害。并且，这次前来偷窃的父子可能今后还会变本加厉地继续此类不良的行为。几年以后，英格拉姆先生去世了，但托尼永远忘不了他，也忘不了第一次打工时他教给自己的东西。

　　生活中经常会遇到自己利益受损的事情。自己辛苦种下的花草被来往的路人随意践踏；好不容易洗干净晾晒的衣服被别人弄上了脏物，等等诸如此类。一旦遭遇此类的事情，要学会宽容别人，得饶人处且饶人，得理也要让三分。若容不下别人，生活也会容不下自己。待人宽厚是一种美德。要明白，原谅伤害过自己的人并不等于窝囊，并非一味地纵容对方的恶意举动，而是尊重对方的自尊心，是一种有意为之的高尚。懂得这些，也就没有什么气可生了。

　　宽以待人是门艺术，需要我们在点滴的生活中逐渐磨炼而形成。一个成功的人不仅自己的胸怀宽广，更会注意别人的自尊。要给别人的自尊心保留空间，一个人如果损失了金钱，还可以再赚回来；一旦自尊心受到伤害，就不是那么容易弥补的，甚至可能为自己树起一个敌人。掌握了这门艺术，你也许会获得意想不到的收获。"得理且让人"就是要照顾他人的自尊，避免因伤害别人的自尊而为自己树敌。

　　要以宽容的心态对待生活。反之，若容不下生活，生活也容不下你。

自私的人在失去朋友的同时也丢失了自己

自私的人心里永远只有自己，只顾及自己的利益，容不得自己的利益有一丝一毫的损害，为了自己的利益可以去损害他人、集体，甚至国家的利益，甚至不择手段地去获取。

其实我们每个人既有自私的表现，也有无私的表现。人是自私的，也不是无私的。

我们说，私欲是一切生物的共性，所不同的是其他生物的私欲是有限的，人的私欲是无限的。正因为如此，人的不合理的私欲必须要受到社会公理、道义和法律的制约，否则这个社会就不是正常的社会。作为一个人，他的内心中存在一种普遍的道德、法律和保持自己的私心杂念是不矛盾的。如果人心中全是私心杂念，无崇高的道德理念，人就不再是人而和动物没什么区别。其实，我们每个人或多或少都有自私的一面，它可以说是一种本能的绝望，人也确实要去满足这种欲望。

自私是一种近似本能的欲望，处于一个人的心灵深处。人有许多需求，如生理的需求、物质的需求、精神的需求、社会的需求等。需求是人的行为的原始推动力，人的许多行为就是为了满足需求。

但是，需求要受到社会规范、道德伦理、法律法令的制约，不顾社会历史条件，一味地想满足自己的各种私欲的人，就是具有自私心理的人。自私心理隐藏在个人的需求结构之中，是深层次的心理活动。

正因为自私心理潜藏较深，它的存在与表现便常常不为个人所意识到。有自私行为的人并非已经意识到他在干一种自私的事，相反他在侵占别人利益时往往心安理得。

自私的原因可从客观与主观两个方面来分析。从客观方面看，由于各种复杂的原因，目前我国各项资源的数量、种类、方式在占有和配置方面，都存在许多不平衡、不合理之处，对资源的权力、行业、部门垄断还比较严重。于是，缺乏资源的一方不得不用非正当的方式去交换。由此，一方面以权谋私，另一方面以钱谋私，搞权钱交易、权色交易，相互交换。

从主观方面看，个人的需求若脱离了社会规范，人就可能倾向于自私。自私自利的人往往是自我敏感性极高，以自我为中心，对社会对他人极度依赖，并无休止地索取，而不具备社会价值取向（对他人与社会缺乏责任感）的人。

凡自私的人，都有这样的病态社会心理，即"他人即地狱"、"各人只扫自家雪，哪管他人瓦上霜"、"事不关己，高高挂起"、"有权不用，过期作废"、"利人者是傻子，利己者是聪明人"、"人不为己，天诛地灭"，这些心态逐渐变成了一种流行的畸形心态。

由于社会制约机制尚不健全，某些自私自利的人确实从中捞到了某些好处，更使得自私之风盛行不衰。自私导致腐败，导致社会丑恶现象的出现，它使得社会风气败坏，是违法违纪的根源。

正因为自私之心是万恶之源，贪婪、嫉妒、报复、吝啬、虚荣等病态社会心理从根本上讲都是自私的表现。

因此，我们更应该充分发挥个人的主观能动性来克服自私的性格，可以用以下方式加以调试：

1. 内省法。

这是构造心理学派主张的方法，是指通过内省，即用自我观察的陈述方法来研究自身的心理现象。自私常常是一种下意识的心理倾向，要克服自私心理，就要经常对自己的心态与行为进行自我观察。观察时要有一定的客观标准，这些标准有社会公德与社会规范和榜样等。加强学习，更新观念，强化社会价值取向，对照榜样与规范找差距。并从自己自私行为的不良后果中看危害找问题，总结改正错误的方式方法。

2. 多做利他行为。

一个想要改正自私心态的人，不妨多做些利他行为。例如，关心和帮助他人、给希望工程捐款、为他人排忧解难等。私心很重的人，可以从让座、借东西给他人这些小事情做起，多做好事，可在行为中纠正过去那些不正常的心态，从他人的赞许中得到利他的乐趣，使自己的灵魂得到净化。

3. 回避训练。

这是心理学上以操作性反射原理为基础，以负强化为手段而进行的一种训练方法。通俗地说，凡下决心改正自私心态的人，只要意识到自私的念头或行为，就可用缚在手腕上的一根橡皮筋弹击自己，从痛觉中意识到自私是不好的，促使自己纠正。

4. 学会节制。

私欲这种东西，能否连根铲除呢？不能。世界上还没有这种一劳永逸的良方。如何防止私欲的发作呢？有人说，只能节制。苏东坡给自己立下一条规矩："苟非吾之所有，虽一毫而莫取。"他给自己定下明确的原则：君子爱财，取之有道。不义之财，分文不取。有了这一条，对遏止自己自私心理较为有效。

给别人一颗心，就能听到两颗心跳动的声音

一个青年到河边钓鱼，遇到一捕蟹老人，身背一个大蟹篓，但没有上盖。他出于好心，提醒老人说："大伯，你的蟹篓忘了盖上。"

老人回头看了他一眼，微微一笑："年轻人，谢谢你的好意。不过你放心：蟹篓可以不盖。要是有蟹爬出来，别的蟹就会把它钳住，结果谁都跑不掉。"

听完老人的回答，他感慨良多。记得某地发生大地震，有个小煤矿的工人谁也不甘落后，争先恐后往外挤。由于坑道口太小，结果谁也无法逃生。而在另一个小煤矿里，队长当时很镇定，他大声喊道："大家不要挤！一个一个来。"他自己不急于逃生，而是留在后面指挥。结果 20 多个矿工全都安全逃了出来，

他自己也脱离了险境。

生活中常是如此。如果你不给别人机会，最终将是自断生路，不会有长远的发展。那些看不得别人进步、千方百计拖人后腿的人，是愚昧无知的。

一天，一个贫穷的小男孩为了攒够学费正挨家挨户地推销商品。劳累了一整天的他此时感到十分饥饿，但摸遍全身，却只有一角钱。怎么办呢？他决定向下一户人家讨口饭吃。当一位美丽的女孩打开房门的时候，这个小男孩却有点儿不知所措了，他没有要饭，只乞求给他一口水喝。这位女孩看到他很饥饿的样子，就拿了一大杯牛奶给他。男孩慢慢地喝完牛奶，问道：“我应该付多少钱？”年轻女子回答道：“一分钱也不用付。妈妈教导我们，施以爱心，

不图回报。”男孩说：“那么，就请接受我由衷的感谢吧！”说完男孩离开了这户人家。此时，他不仅感到自己浑身是劲，而且还看到上帝正朝他点头微笑。其实，男孩本来是打算退学的。

数年之后，那位年轻女子得了一种罕见的重病，当地的医生对此束手无策。最后，她被转到大城市医治，由专家会诊治疗。当年的那个小男孩如今已是大名鼎鼎的霍华德·凯利医生了，他也参与了医治方案的制定。当看到病历上所写的病人的来历时，一个奇怪的念头霎时间闪过他的脑际。他马上起身直奔病房。

来到病房，凯利医生一眼就认出床上躺着的病人就是那位曾帮助过他的恩人。他回到自己的办公室，决心一定要竭尽所能来治好恩人的病。从那天起，他就特别地关照这个病人。经过艰辛

的努力，手术成功了。凯利医生要求把医药费通知单送到他那里，在通知单的旁边，他签了字。

当医药费通知单送到这位特殊的病人手中时，她不敢看，因为她确信，治病的费用将会花去她的全部家当。最后，她还是鼓起勇气，翻开了医药费通知单，旁边的那行小字引起了她的注意，她不禁轻声读了出来："医药费———满杯牛奶。霍华德·凯利医生。"

梵界讲究善恶轮回，因果报应。其实在现实生活中，这种所谓的"因果报应"只不过是心存感激的受惠者对施惠者的一种报偿而已。对他人施予善行，往往能收到别人更加丰厚的回报。明智的父母都懂得让孩子奉献自己的爱心，帮助别人。帮助别人，就是帮助自己，而我们为别人付出的时候，本身就体验到了生命的快乐和富足。

留三分余地给别人，就是留三分余地给自己。为人处世中，我们不能只考虑眼前的得失，考虑到以后的生存和发展才是最明智的选择。

猜疑是幸福生活的刽子手

一个女人一旦掉进猜疑的陷阱，必定处处神经过敏，经不得一点风吹草动，进而对丈夫失去起码的信任。现实生活中有很多这样的例子，猜疑心态一旦形成，无论是哪一方，都会受到伤害，不管你再怎么补救，感情始终有裂纹的存在，终究不如当初那么融洽，那么亲密无间。由此可见，信任还是不要轻易破坏的好，否则的话，那是拿自己一辈子的幸福与安稳生活开玩笑。

他是个爱家的男人。他支持她婚后仍保有着一份自己喜爱的工作，他纵容她周末约同事回家打通宵的麻将，他纵容她拥有不下厨的坏习惯，他始终都扮演着一个好男人的典范，好得让她这个做妻子的自惭形秽。

她第一次怀疑他，是从一把钥匙开始的。她虽然不是个百分百的好老婆，但总能从他的一举一动了解他的情绪，从一个眼神了解他的心境。

他原有四把钥匙，楼下大门、家里的两扇门以及办公室等四把。不知从何时起，他口袋里多了一把钥匙。她曾试探过他，但他支支吾吾闪烁不定的言辞，令她更加怀疑这把钥匙的用途，她开始有意无意地电话追踪，偶尔出现在他办公室，名为接他下班实为突击检查，她开始将工作摆在第二位，周末也不再约同事回家打牌，还买了一堆烹饪的录像带和食谱，想专心的做个好老婆，可是一切似乎太迟了。

他愈来愈沉默，愈来愈不让她懂得他心里想什么，他常常独自一个人在半夜醒来，坐在阳台上吹了整夜的风，他变得不大说话，精神有点恍惚，有一次居然连公文包都没带就去上班，他真的变了很多，唯一没有变的是他对她的温柔和体谅，但她的猜疑始终没有稍减。在夜以继日的追查下，她终于发现那把钥匙的用途，是用来开启银行保险箱的，于是她决定追查到底，她悄悄地偷出了那把钥匙进了银行。

当钥匙一寸一寸地伸进那小孔，她慌张又迫切地想知道答案，谜题即将揭晓。首先映入眼帘的是一个珠宝盒，她深深地吸了一口气，缓缓地打开盒盖，然后，心里甜甜地笑了起来："这个傻瓜。"那是他们两人第一次合照的相片。照片之后是一叠情书，算一算一共二十八封，全是她在热恋时期写给他的，这个时候甜蜜是她脸上唯一的表情。珠宝盒底下是一些有价证券，有价证券底下是份遗嘱，她心想："待会儿出去一定要骂一骂他，才三十出头立什么遗嘱。"虽然如此，她还是很在意那份遗嘱的内容。她翻开封面，内容写着某处别墅和存款的百分之二十留给父母，存款的百分之十给大哥，有价证券的百分之三十捐给老人机构，其余所有的动产、不动产都写着一个名字。

她哭了，因为这个名字不是别人，正是她自己。所有的疑虑都烟消云散，他是爱她的，而且如此忠诚。正当她收拾起所有动作，准备回家为他准备丰盛晚宴时，突然，一个信封从两叠有价证券里掉下来，那已经褪去的猜疑，又萌生了，她迅速地抽出信封里的那张纸，是一张诊断书，在姓名栏处她看到了先生的名字，而诊断栏上是四个比刀还锋利的字：骨癌中期。

人与人相处，信任往往被摆在首要的位置，夫妻之间也是如此。信任是维系夫妻感情的纽带，只有彼此以心换心，信任对方，才能保持夫妻感情的历久弥新，达到相敬如宾，沟通无极限的至高境界。而与此相反，猜疑心理就会在心灵深处滋生，人间的爱与温情也会随之瓦解，最后受伤的只能是彼此的心灵。

实际上，在婚姻关系中，夫妻双方只有彼此尊重对方，相信对方的人格，宽容对方的缺点，把对方的命运真正与自己的命运相结合，才能获得完全的信任。也只有完全信任对方，家庭才能稳定，幸福才会随之而来。

苛求他人，等于孤立自己

每个人都有可取的一面，也有不足的地方。与人相处，如果总是苛求十全十美，那么永远也交不到真心的朋友。在这一点上，曾国藩早就有了自己的见解，他曾经说过："盖天下无无暇之才，无隙之交。大过改之，微暇涵之，则可。"意思是说，天下没有一点儿缺点也没有的人，没有一点儿缝隙也没有的朋友。有了大的错误，要能够改正，剩下小的缺陷，人们给予包容，就可以了。为此，曾国藩总是能够宽容别人，谅解别人。

当年，曾国藩在长沙读书，有一位同学性情暴躁，对人很不友善。因为曾国藩的书桌是靠近窗户的，他就说："教室里的光线都是从窗户射进来的，你的桌子放在了窗前，把光线挡住了，这让我们怎么读书？"他命令曾国藩把桌子搬开。曾国藩也不与他争辩，搬着书桌就去了角落里。曾国藩喜欢夜读，每每到了深夜，还在用功。那位同学又看不惯了："这么晚了还不睡觉，打扰别人的休息，别人第二天怎么上课啊？"曾国藩听了，不敢大声朗诵了，只在心里默读。一段时间之后，曾国藩中了举人，那人听了，就说："他把桌子搬到了角落，也把原本属于我的风水带去了角落，他是沾了我的光才考中举人的。"别人听他这么一说，都为曾国藩鸣不平，觉得那个同学欺人太甚。可是曾国藩毫不在意，还安慰别人说："他就是那样子的人，就让他说吧，我们不要与他计较。"

凡是成大事者，都有广阔的胸襟。他们在与别人相处的时候，不会计较别人的短处，而是以一颗平常心看待别人的长处，从中看到别人的优点，弥补自己的不足。如果眼睛只能看到别人的短处，那么这个人的眼里就只有不好和缺陷，而看不到别人美好的一面。生活中，每个人都可能会跟别人发生矛盾。如果一味地跟别人计较，就可能浪费自己很多精力。与其把自己的时间浪费在一些鸡毛蒜皮的小事上，不如放开胸怀，给别人一次机会，也可以让自己有更多的精力去做更多有意义的事情。

一位在山中茅屋修行的禅师，有一天趁月色到林中散步，在皎洁的月光下，突然开悟。他喜悦地走回住处，看到自己的茅屋有小偷光顾。找不到任何财物的小偷要离开的时候在门口遇见了禅师。原来，禅师怕惊动小偷，一直站在门口等待。他知道小偷一定找不到任何值钱的东西，就把自己的外衣脱掉拿在手上。小偷遇见禅师，正感到惊愕的时候，禅师说："你走那么远的山路来探望我，总不能让你空手而回呀！夜凉了，你带着这件衣服走吧！"说着，就把衣服披在小偷身上，小偷不知所措，低着头溜走了。禅师看着小偷的背影穿过明亮的月光消失在山林之中，不禁感慨地说："可怜的人呀！但愿我能送一轮明月给他。"禅师目送小偷走了以后，回到茅屋赤身打坐，他看着窗外的明月，进入空境。第二天，他睁开眼睛，看到他披在小偷身上的外衣被整齐地叠好，放在了门口。禅师非常高兴，喃喃地说："我终于送了他一轮明月！"

　　面对盗贼，禅师既没有责骂，也没有告官，而是以宽容的心原谅了他，禅师的宽容和原谅终于换得了小偷的醒悟。可见，宽容比强硬的反抗更具有感召力。可是，我们与别人发生矛盾时，总想着与别人争出高低来，但是往往因为说话的态度不好，使得两个人吵起来，甚至大打出手。其实，牙齿哪有不碰到舌头的。很多事情忍耐一下，也就过去了。有些矛盾的产生，别人也不一定是故意的，我们给予他包容，他可能会主动认识到错误，也给自己减少了很多麻烦。

太过敏感，容易受伤

　　不知道你是否曾有这样的体会：当几个同学聚在一块儿悄悄说话时，你会觉得他们正在讲你的坏话；你告诉朋友一个秘密后，你会不停地想他是否会讲给别人听；老师在课堂上说了班上发生的不好现象，你会怀疑是不是针对自己说的；一位同学近来对你的态度冷淡了一些，你会觉得他可能对你有了看法……如果你有这些情况，那么可以说你有较强的敏感心理。

过于敏感的心理，就是感情脆弱，承受能力差，一点儿微小的刺激就可能会引起他严重不安，比如一句平常的话、一个平常的小动作、一个平常的眼神等。

敏感的人当感到自己受到伤害的时候，心中便升起极度委屈的情绪。比如在商场里，如果售货员用干巴巴的口吻说"没有你要的尺码"，你的心情立即就会变得很坏。或者朋友说了在你看来很难接受的话，你就会耿耿于怀，心里不舒服。他们的言语越是在你心里挥之不去，你就越感到无法释怀。而如果你感到身边的朋友欺骗了你，那情况就更糟了，你会一连好几个星期躲在家里医治心灵的创伤。其实你知道，应该从自我沉默中走出来，重新与朋友交流，否则很快你就不会再有朋友可以去一起逛街或下馆子了。

敏感的人生活在情感过于充沛的海洋里，敏感的神经随时都可以被调动起来，因为周围发生的一切都会在你的心里留下深深的痕迹。比如，电视新闻里一个话题沉重的报道会让你没有食欲；有一天，你目睹了一场车祸，你用了好几个月才缓过来。

27岁的周小姐总是觉得自己的男朋友不够爱自己。

情人节，她的男朋友给她买了一套性感的套装，起初她很开心，可是转念一想，她觉得男朋友送自己这样的礼物一定是别有用心，她认为男朋友是在提示她不够开放。

上个周末。周小姐刚做了一个新发型，一到家，男朋友就直夸她的新发型很漂亮。这么一句简单的话，又让周小姐多了心，她有些赌气地问男朋友："你什么意思啊，这么说来你是很不喜欢我以前的发型喽？那你怎么一直都不说，你是不是忍了我很久了啊？"

男朋友本来就是无心的一句话，不料却引来周小姐一肚子的怨气，男朋友十分无奈。

过度敏感的人都有一种自贬自责的倾向，一个小小的挫折都往心里去，随即开始怀疑自己的全部。于是，所有外界的批评都是有道理的、应该的，一切都是自己的错，很快就变成了：我自己一无是处，太平庸了，是个傻瓜……其实，搞清楚敏感的根源之后，再遇到不愉快的事情，稍微进行一下自我反省就可以了，并不需要对自己进行全面检讨，继而全面否定。过度敏感的人的弱点在于他们缺乏自信心，总是在寻找抱怨的理由。结果是，即使别人发自内心的赞扬也不足以让他们往好处去想。而这往往使他们的好心情变坏。

如果碰到让你伤心的事，一定要努力寻找一个解脱的办法，比如你可以向朋友倾诉。跟别人越多地交流，就越能从相对化的角度看问题。原本认为很严重的事，其实并没有那么糟糕；原本天大的事，其实也很渺小。有了一次经历，下次就能够轻松地面对，要让自己从内心里接受正在发生的一切。

李博是公司职员。前不久，公司召开了一个部门会议，所有员工都参加了。

　　会议上，各个部门的经理都对各自的业务做了简单的回报，李博所在的销售部门业绩是最差的。等会议结束后，销售部又召开了一个小型会议，在这次会议上，经理不点名地批评了一些不好的现象，其实，也并没有说是针对谁，可李博总认为是对着自己来的。

　　在以后的几天里，李博是饭也吃不好，觉也睡不好，翻来覆去地想，结果闹得身心疲惫。其实，原本就没有什么事情，是李博太过敏感，给自己造成了不必要的困扰。

　　李博的这种经历，许多人也曾有过。这在心理学上称为"神经质"。虽然它不是什么大毛病，但这种过于敏感常给人带来不愉快的情绪，甚至烦恼。

　　"神经质"常产生于性格内向、心胸不够宽广者，他们总爱凭想当然去看待周围的人和事，结果心里总有难解的一团乱麻；也有的人是因为追求成功的愿望太迫切，致使对人对事都很敏感，过分看重别人对自己的评价，往往将一些鸡毛蒜皮的小事总存在心里，患得患失，斤斤计较。应该说，过于敏感是一种不良的心理素质，如不加以克服，不仅会影响工作、学习，还会影响身心健康，造成人际关系紧张。

　　所以，为了不让敏感心理影响心情，过度敏感的人要学会自我赞美，要培养一种积极的思维，对身边的事物以善意的眼光看待，心情就会一直灿烂无比。

第七章

战胜行为的弱点

——不拖延，你也可以成功

ruhe zhansheng
renxing de
ruodian

人性的弱点：拖延与生俱来

有人认为，拖延就像蒲公英。某段时间以为自己已经拔除掉了拖延症，以为它不会再长出来了，但是实际上它的根埋藏得很深，很快又"长"出来了。对某些人来说，拖延症根深蒂固，无法轻易根除。

当别人诟病你的拖延症有多严重时，你可以辩解说这不是你的问题，因为很可能拖延症是天生的。美国科罗拉多大学的研究员的最新研究发现，拖延症受基因影响。这是基于对181对同卵双胞胎和161对异卵双胞胎的研究得出的推测结论。

研究在美国科罗拉多大学波德分校进行，其结果显示人类拖延的倾向可以在基因中找到根源。这也解释了为什么每个人都或多或少都有一些拖延的行为。

也就是说，确实有一些生物上的因素会导致拖延症。比如，如果你患有某种程度的注意力缺失、执行障碍、季节情绪紊乱、抑郁症、强迫症、慢性紧张或者失眠，在这样的一些情况中，在你大脑中运行的这些生化因素很可能会跟你的拖延有着密切的关系。

在对以下内容的了解中，我们每个人都可能会受益匪浅，你也可以运用这些知识来帮助自己克服拖延症。

1. 你的大脑处在不断的变化中

我们的生活经验激发了大脑细胞（神经元），将电子脉冲从一个神经元传导到另一个，并释放出生化信息，促使这些神经元在数量上不断增长，也在连结度上不断紧密化。你做某件事情越多，你的大脑就对那个活动反应越多；它会把被要求的事情做得越来越快、越来越好（不管对你来说是好事还是坏事—强化旧的顽固行为），这个就叫"可塑性悖论"。

2. 无意识的感受会产生恐惧

你推迟做出决定是因为你害怕去做。拖延者企图逃避的不是某个任务，而是由这个任务引发的某种感受！为了不再拖延，你将不得不忍受某些不舒服的感受，比如恐惧和焦虑。不顾恐惧而继续向前需要加倍的勇气，因为恐惧是被瞬间触发的，一旦在体内运行，它就一直在那里，它还会给大脑发送强烈的难以抵挡的信号。在你想到去做那个你一直在逃避的事情的时候（比如打个电话、写论文），你的身体马上对这样的恐惧做出了躲避反应，所以也难怪会拖延。

也许这来自于无意识的危险或恐惧的感受，让你不知道自己为什么要逃避某一件事情，但是每次你都逃开了。

3. 潜伏记忆的影响

如果你在一件事情上拖延，但是又不能找到让你恐惧或不舒服的确切原因，那么很可能是受到你潜伏着的记忆的影响。你可能不记得这个经验本身，但是你的大脑和身体却对此发生了反应，产生了一阵情感痛苦，从而导致你逃避这件事情。

虽然你无法记起让你陷入逃避的原因，但是你埋藏在深处的记忆，包括恐慌、羞耻、负疚、厌恶和自责等却挥之不去。这时，只有发挥你的理性思考能力，让被激发的潜伏记忆乖乖听话，抑制住潜伏记忆的不利影响，而不再拖延。

4. 低自尊也是拖延症的一大原因

有人在不经意间卷入了一场怎样看待自己的挣扎：你是有能力的吗？你可以有自己的想法吗？你值得被爱、值得被尊敬吗？而这种不自信的想法无疑促成了拖延行为的发生。

5. 左逆转

科学家认为，在人的大脑左半球的某一个部分（左额叶）是跟关照、感应和同情这样的感情有关的。当这个区域被激活，我们就会感到放松，对世界怀着开放的心态。相反，在一种不舒服的、负面的情绪中，我们就会倾向于撤退到自己的世界中。主管这些负面情绪的部位是在大脑的右半球。

友善地对待自己会刺激大脑的相应部位，也就是所谓的"左逆转"，从而创造出一种与抗压感和健全感良性循环的状态。而这些东西跟拖延症有很大的关系。

通过左逆转，能够平复自己的心情，并以同情和友善的态度对待自己，一件事情或者一个处境，无论它们让你生气、恐惧，还是让你受到威胁或者感到无聊，如果你能够正确地对待它们，你就不会陷入拖延的泥沼。

当你拖延着做一件难事的时候，你的大脑依然会显示出恐惧的迹象，你马上会感到负面情绪向你袭来。如果此时你能够以一种新的方式应对这种反应，用鼓励的态度来对待自己。一个友善的声音会给你足够的安全感去走进这个不舒服的情感地带。随着时间推移，通过练习，你就会展现出和以前拖延状态不一样的状态。

我们相信，你越能够在内心创造出一个积极的状态，那么你成为拖延症患者的可能性也就越小。

借口成为习惯，如毒液腐蚀人生

要知道，人的习惯是在不知不觉中养成的，具有很强的惯性，很难根除。它总是在潜意识里告诉你，这个事这样做，那个事那样做。在习惯的作用下，哪怕是做出了不好的事，你也会觉得是理所当然的。

比如说为自己的拖延行为寻找借口。选择拖延的行为，总会为自己找到借口。而找借口，是世界上最容易办到的事情之一，因为我们可以找到很多的借口去自我安慰，掩饰自己的错误。在工作和生活中就是这样，有的人常常把不成功归咎于外界因素，总是要去找一些敷衍其他人的借口。久而久之，我们就会养成一个习惯：借口越找越多。于是，我们靠着一个又一个借口麻痹自己，在一个又一个借口中消磨生活的勇气和热情。

当我们千方百计为失败找借口时，时间在一个又一个借口中悄然流逝，个性的棱角在一个又一个借口中被磨平。原本尚存的希望，也在一个又一个借口中溜走；原本尚存的斗志，在一个又一个借口中远离；原本尚存的机遇，在一个又一个借口中错过……

如果在工作中以某种借口为自己的过错和应负的责任开脱，第一次你可能会沉浸在借口为自己带来的暂时的舒适和安全之中而不自知。于是，这种借口所带来的"好处"会让你第二次、第三次为自己去寻找借口，因为在你的思想里，你已经接受了这种寻找借口的行为。不幸的是，你很可能就会形成一种寻找借口的习惯。

这是一种十分可怕的消极的心理习惯，它会让你的工作变得拖沓而没有效率，会让你变得消极而最终一事无成。于是，便有可能出现这样的情境：两眼紧盯屏幕，其实脑中却空空如也，什么也没有想；面对一份方案，即使抓耳挠腮、咬牙切齿、搜肠刮肚，依然没有新的想法，更别说靠谱的方案。此时头脑内部就像早已干涸的河床，大脑的运动就像休眠中的火山……这时候，你才会明白，长期的借口会腐蚀你的大脑。

现代铁路两条铁轨之间的标准距离是 4.85 英尺。原来，早期的铁路是由建电车的人所设计的，而 4.85 英尺正是电车所用的轮距标准。那么，电车的标准又是从哪里来的呢？最先造电车的人以前是造马车的，所以电车的标准是沿用马车的轮距标准。马车又为什么要用这个轮距标准呢？英国马路辙迹的宽度是 4.85 英尺，所以，如果马车用其他轮距，它的轮子很快会在英国的老路上撞坏。这些辙迹又是从何而来的呢？从古罗马人那里来的。因为整个欧洲，包括英国的长途老路都是由罗马人为它的军队所铺设的，而 4.85 英尺正是罗马战车的宽度。任何其他轮宽的战车在这些路上行驶的话，轮子的寿命都不会很长。可以再问，罗马人为什么以 4.85 英尺作为战车的轮距宽度呢？原因很简单，这是牵引一辆战车的两匹马屁股的宽度。故事到此还没有结束。美国航天飞机燃料箱的两旁有两个火箭推进器，因为这些推进器造好之后要用火车运送，路上又要通过一些隧道，而这些隧道的宽度只比火车轨道宽一点，因此火箭助推器的宽度是由铁轨的宽度所决定的。

所以，最后的结论是：由于路径依赖，美国航天飞机火箭助推器的宽度，竟然是由两千年前两匹马屁股的宽度决定的。

可见，习惯虽小，却影响深远。习惯对我们的生活有绝对的影响，因为它是一贯的，它在不知不觉中，经年累月影响着我们的品德、我们思维和行为的方式，左右着我们的成败。

一旦我们养成了寻找借口的习惯，那么我们的上进心和创造力也就慢慢地烟消云散了。我们要拒绝借口，避免养成寻找借口的坏习惯，在工作中，更应该想办法去拒绝借口，而不是忙着找借口。

许多平庸者、失败者的悲哀，常常在于面对困境时缺乏足够的智慧和勇气，总是在借口的老路上越走越远。"生不逢时"、"不会处世"、"缺少资金"……归结一点：自己的拖延行为总是各种因素促成的。

事实上，困难永远都有，挫折也在所难免，关键是怎样对待。不断向别人学习，不断充实自己，不断总结经验教训，不断探索实践，这样才会有成功的机会。

如果你发现自己经常为了没做某些事而制造借口，或是想出千百个理由来为没能如期实现计划而辩解，那么现在正是该面对现实好好检讨的时候了。

克服了懒惰，就成功了一半

心理学家乔治·哈里森这样说："拖延懒惰是一种不能按照自己的本来意愿行事的精神状态，是缺乏意志力的表现。"虽然很多人都说意志力与拖延并没有关系，但我们不能否认，拖延真的是我们在惰性心理影响下导致行动力减弱而形成的一种坏习惯。

的确如此，在若干种因素导致的拖延中，懒惰是最为常见的。比如说当我们早知道自己长期不运动已经导致体重超标，我们也知道能用什么方法可以减去身体多余的赘肉，可是我们却迟迟不肯行动，以至于拖延着让不健康的生活继续，让体重继续增加。这就是懒惰带来的恶果。

张峰接到老板的任务：一周内起草与甲公司的销售合同，这对法律专业出身的他简直是小菜一碟。

第一天，手头上其他工作本来可以结束，但他想明天做完再动手也不迟。

第二天，有突发事件耽误了一上午，下午下班前他才勉强将原有工作完成。

第三天，他刚准备起草合同，同事工作上遇到困难请他帮忙耽误了一上午，下午他也没心情做，心想：周末的两天足够了，不急。

结果第四天一帮朋友搞了个聚会，他整整玩了一天，晚上喝得酩酊大醉。

就这样，他一直睡到次日中午，起来头还晕得厉害，吃了几片药又躺下休息。

第六天上班后的例会上，老板问他完成任务没有，他撒谎说差不多了，只是有些数据需要核实，明天就能交上。

开完例会他立刻动手，才发现这个合同书远没想象中那么简单，涉及许多他不熟悉的领域，而且还需要许多实证数据的支持，就是三天也未必能完成！

由于合同没有按时拟好，影响了与客户签约，老板对他进行了严厉批评，还在公司内进行通报批评，张峰羞愧得无地自容。

案例中的张峰因为养成了拖延工作的习惯，而失去了行动的主动权，最终让自己狼狈不堪。

拖延和懒惰之间存在着不可分离性关系。惰性在拖延中滋生，而拖延是惰性的纵容者。拖延不一定是懒惰，但懒惰肯定会拖延。这两者结合在一起，便成为将你灵魂和身体侵蚀一空的绝佳借口，而它们都有着让人上瘾的特性，越是懒惰越是拖延，如此持续下去，有可能会消磨你的意志，阻碍你的发展。

其实想要拒绝懒惰也并没有多困难，最有效的方法就是让自己勤奋起来。亚历山大曾经说过："虽有卓越的才能，而无一心不断的勤勉、百折不挠的忍耐，亦不能立身于世。"成功人士知道"无限风光在险峰"，只有努力攀登，才能有"一览众山小"的豪情。

早起的鸟儿有虫吃。勤奋是一种需要长久坚持的人生信念，只有将"勤奋"二字作为自己永久的座右铭，才能在不拖延的人生中实现成功。

比尔·盖茨在参加博鳌亚洲论坛 2007 年年会期间，在一次与中国网友网上讨论时，接受了近两万名网友的提问。其中，大家向比尔·盖茨问得最多的问题是："你成功的主要原因是什么？"比尔·盖茨的回答是："工作勤奋，我对自己要求很苛刻。"

在微软创业初期，比尔·盖茨就异常勤奋努力。微软老员工鲍伯·欧瑞尔说出了他 1977 年进入微软公司时比尔·盖茨的工作状态："那时候比尔满世界飞。他会亲自跑到各个公司跟人家谈，比如德州设备、施乐公司、德国西门子公司、法国公牛机器公司等。那些公司会有一大帮技术、法律、销售及业余人员围着他，问他各种问题。比尔经常单枪匹马参加世界各地的展览会，推销产品。比尔整天都在销售产品，有时他刚出差回来就连续上班 24 小时，累了就在办公桌下睡一小会儿。"

虽然微软的员工们工作非常卖力，但都勤奋不过他们的老板比尔·盖茨。事实上，比尔·盖茨至今依然如此勤奋努力，哈佛商学院的案例中有这样的说法："盖茨好像就住在办公室，他每天上午大约 9 点钟来到办公室后，就一直得到半夜，休息时间似乎就是吃比萨饼外卖这顿晚饭的几分钟，吃完后他又继续忙开了。"

每个精英的故事中都有类似的描述。当你羡慕别人坐拥巨富享受高品质生活时，当你妒忌别人拿着高薪坐着高位时，当你看到机会总是让别人遇到时，你也许会抱怨世界真不公平。但是，当你抱怨不公平时，是否反省过："我有他们那么勤奋吗？"

古罗马有两座圣殿：一座是勤奋的圣殿，另一座是荣誉的圣殿。他们在安排座位时有一个次序，就是必须经过前者，才能达到后者。勤奋是通往荣誉的必经之路，那些试图绕过勤奋，寻找荣誉的人，总是被荣誉拒之门外。

很多人总是在抱怨自己命运不济和人生的难以捉摸，其实命运本身却不如人们所言那样神秘莫测。洞察明了生活的人都了解：幸运和机遇通常伴随于那些勤奋努力之人，而不是那些拖延懒惰之人。

"我已经尽力了"只是借口而已

我们身边的很多人习惯于拖延，并且经常会说"我已经尽力了"，但是，你真的可以问心无愧地说，"我已经全力以赴了吗？"

对自己说"已经尽力了"，只不过是一种自我安慰，一种对自己的谅解，对自己的放松。其实，胜利的果实也许就在彼岸向着你招手。很简单的道理，如果你全力以赴地去做了，往往会出现不一样的结果。

一个猎人带着他的猎狗去打猎。这时这个猎人发现了猎物，一只兔子。猎人瞄准后开枪。猎人打伤了那只兔子的一只后腿。这时兔子疯狂地往自己的窝里跑。猎人的猎狗也蹿了出去打算追到那只已经残疾的兔子孝敬他的主人。兔子越跑越快，猎狗却怎么都追不上那只断了腿的兔子。最后猎狗只能眼睁睁地看着兔子钻回了窝里。最好灰溜溜地回到了主人旁边。

主人很生气："我已经打伤了它一条腿了，你怎么还追不到它？"

猎狗惭愧地说："我已经尽力了，主人。我也不知道为什么，它会跑那么快。"

那只兔子回到自己的窝之后，它的伙伴都来问它发生了什么。它说："我被猎人打伤了腿，他的猎狗一直追我，但是最终被我逃脱了。"

这时它的伙伴都很惊讶，问道："那怎么可能？你已经伤了一条腿了啊。猎狗怎么会没追到你？"

这只兔子回答到："因为我是竭尽全力了，而猎狗只是尽力而已。"

当你遇到困难的时候，是否能像寓言中兔子一样，先别说难，首先竭尽全力地做呢？不要说"我已经尽力了"。什么是尽力？就是我们尽力了，但是还有余力，如果余力不发挥，我们就永远都不知道这余力的威力有多大。所以，不要过早下结论，等你把能力都使出来了之后再说"这就是结果"吧！

其实，人们习惯于说"我已经尽力了"，多少跟自己的"约拿情结"有关系。约拿是《圣经》中的人物。上帝要约拿到尼尼微城去传话，这本是一种难得的使命和很高的荣誉，也是约拿平素所向往的。但一旦理想成为现实，他又感到畏惧，感到自己不行，想回避即将到来的成功，想推却突然降临的荣誉。这种成功面前的畏惧心理，心理学家们称之为"约拿情结"。

人害怕自己最低的可能性，这可以理解，因为人人都不愿意正视自己低能的一面。但是，人们还会害怕自己最高的可能性，这很难理解。但这的确是存在的事实：人们渴望成功，又害怕成功，尤其害怕争取成功的路上要遇到的失败，害怕成功到来的瞬间所带来的心理冲击，害怕取得成功所要付出的极其艰苦的劳动，也害怕成功所带来的种种社会压力……

我们大多数人内心都深藏着"约拿情结"。在面临机会的时候，我们要敢于打破平衡，认识并摆脱自己的"约拿情结"，勇于承担责任和压力，遇到事情不再找借口拖延，从而最终抓住获得成功的机会。

不全力以赴地解决问题，就会面临着前怕狼后怕虎的局面，最后不但不能解决问题，还让自己丧失了继续的勇气。所以，我们在工作中应该全力以赴去解决我们遇到的每一个问题，千万不要把"我已经尽力了"的借口时刻放在口头。

让"快速行动"成为一种习惯

日本著名企业家盛田昭夫说："我们慢，不是因为我们不快，而是因为对手更快。如果你每天落后别人半步，一年后就是一百八十三步，十年后即十万八千里。"

我们不仅仅需要不拖延，还需要比以别人更快的速度去行动。

曾担任过《大英百科全书》美国分册主编的沃尔特·皮特金在好莱坞工作时，一位年轻的支持者向他提出了一项大胆的建设性方案。在场的人全被吸引住了，它显然值得考虑，不过他可以从容考虑，然后与别人讨论，最后再决定如何去做。但是，当其他人正在琢磨这个方案时，皮特金突然把手伸向电话并立即开始向华尔街拍电报，用电文热烈地陈述了这个方案。当然，拍这么长的电报费用不菲，但它转达了皮特金的信念。

出乎意料的是，1000万美元的电影投资立项就因为这个电文而拍板签约。假如他拖延行动，这项方案极可能就在他小心翼翼的漫谈中流产（至少会失去它最初的光泽），然而皮特金立刻付诸了行动。

无论是公司还是个人，没有在关键时刻及时做出决定或行动，而让事情拖延下去，会给自身带来严重的伤害。

商机如战机，随时都可能消失，只有立即行动的人才能把握一切。拖延像一颗职场毒瘤，需要马上切除，优秀的人永远是从现在开始行动，不把任何事情拖延到下一分钟。赶快鞭策自己摆脱"等一分钟"的桎梏，以比别人更快的速度去行动，才能挟制"等待下一分钟"的"第三只手"，把你从拖延的陷阱中拯救出来。

生活中，我们总对自己说，明天我要如何如何。工作中也是如此，很多员工对自己过分宽容，习惯用"今天来不及了，等明天再开始做吧"来拖延。其实明天也许永远不可能到来，每天都是今天，为什么不把起点设在今天呢？

安妮是大学里艺术团的歌剧演员。她有一个梦想：大学毕业后，要在纽约百老汇成为一名优秀的主角。安妮与老师谈起这个梦想，老师鼓励她说："你今天去百老汇跟毕业后去有什么差别？"于是，安妮决定下学期就去百老汇闯荡。

老师却紧追不舍："你下学期去跟今天去，有什么不一样？"安妮情不自禁地说："好，给我一个星期的时间准备一下，我就出发。"老师步步紧逼："所有的生活用品在百老汇都能买到，你一个星期以后去和今天去有什么差别？"

　　安妮终于说："好，我明天就去。"老师赞许地点点头。第二天，安妮就飞赴全世界巅峰的艺术殿堂—美国百老汇。当时，百老汇的某制片人正在酝酿一部剧目，几百名来自世界各地的人去应征主角。按当时的应聘步骤，是先挑出 10 个左右的候选人，然后，让他们每人按剧本的要求演绎一段主角的对白。这意味着每一名应征者要经过两轮百里挑一的艰苦角逐才能胜出。

　　安妮到了纽约后，费尽周折从一个化妆师手里要到了将要排演的剧本。这以后的两天中，安妮闭门苦读，悄悄演练。正式面试那天，安妮是第 48 个出场的。当她粲然一笑，制片人看到面前的这个姑娘感情如此真挚，表演如此惟妙惟肖时，他惊呆了！他马上通知工作人员结束面试，主角非安妮莫属。就这样，安妮来到纽约的几天时间就顺利地进入百老汇，穿上了人生中的第一双红舞鞋。

　　很多时候，你若立即进入主题，会惊讶地发现，浪费在万事俱备上的时间和潜力会让你懊悔不已。而且，许多事情若立即动手去做，就会感到快乐、有趣，加大成功几率。

　　拖延常常是少数人逃避现实、自欺欺人的表现。然而，无论你是否在拖延时间，自己的事情都必须由自己去完成。通过暂时逃避现实，从暂时的遗忘中获得片刻的轻松，这并不是根本的解决之道。

当然，以更快的速度去行动不一定能获得最终的成功，但迟疑不决注定不能将事情做成。我们应该记住这一点。

务实是对自己的一种"诚信"

人最可怕的，不是不知道，而是不知道自己有什么不知道，以为自己什么都懂。这样的人就永远不会进步，就像老爱欣赏自己脚印的人，只会在原地绕圈子，步井底之蛙的后尘。

一次，苏格拉底的弟子聚在一块儿聊天，一位出身富有的学生，当着所有同学的面，夸耀他家在雅典附近拥有一片广阔的田地。

当他在吹嘘的时候，一直在旁边不动声色的苏格拉底，拿出一张地图说："麻烦你指给我看，亚细亚在哪里？"

"这一大片全是。"学生指着地图洋洋得意地说。

"很好！那么，希腊在哪里？"苏格拉底又问。

学生好不容易在地图上找出一小块来，但和亚细亚相比，实在是太微小了。

"雅典在哪儿？"苏格拉底又问。

"雅典，这就更小了，好像是在这儿。"学生指着一个小点说着。

最后，苏格拉底看着他说："现在，请你指给我看，你那块广阔的田地在哪里呢？"

学生满头大汗地找不到，他的田地在地图上连一丝影子也没有。他很尴尬地回答道："对不起，老师，我错了！"

自大的"井底之蛙"，对于世界的看法往往是局限而肤浅的，他们仅仅通过感觉、知觉、表象等不可靠的感性认知，对事物或形势进行表面性的判断，盲目地、自以为是地相信自己，最后的结果往往与预期的相去甚远，甚或截然相反。

自大是对自我的片面认识。他们缺乏自知之明，把自己的长处看得十分突出，对自己的能力评价过高，对别人的能力评价过低，自然产生自大心理。自大的人往往好大喜功，取得一点小小的成绩就认为自己了不起，成功时完全归因于自己的主观努力，失败时则完全归咎于客观条件的不合作，过分的自恋和以自我为中心，让他们跳不出自己的"浅井"。这其实是一种自欺欺人的行为，是对自己的不诚实。

对自我都缺乏诚信的人，他的精神和心灵上是盲目的，就像失去了双眼一样。

要摆脱盲目的自大，跳出自己的"井底"，首先就要有务实的心态。也许你还未真正认识自己，接纳别人，但与他们不同的背景将使你接纳许多不同的事物，试着改变自己，这样你就能更冷静地面对这个世界了。

比尔·盖茨说："如果我们有了一点成功便觉得了不得，这是很不好的。但是假如在我们为自己的成功自鸣得意时，有一个人来教训我们一番，那我们就很幸运了。"

与人交往时，要平等相处。如果一味地把自己看成世界主宰者，无论在观念上还是行动上都无理地要求别人服从自己，就很难取得成功。平等相处就是要求自大者能够踏实下来，在人生之路上一步一个脚印，降低自己的身段与人平等交往。

认清自我，这是自大者最需要了解和办到的事情。要全面地认识自我，既要看到自己的优点和长处，又要看到自己的缺点和不足，不可一叶障目，不见泰山，抓住一点不放，未免失之偏颇。认识自我不能孤立地去评价，应该放在社会中去考察，每个人生活在世上都有自己的独到之处，都有他人所不及的地方，同时又有不如人的地方，与人比较不能总拿自己的长处去比别人的不足，把别人看得一无是处。

认清自我，还要以发展的眼光看待自我。既要看到自己的过去，又要看到自己的现在和将来，辉煌的过去可能标志着你过去是个英雄，但它并不代表着现在，更不预示着将来。

跳出夸张的自我意识，不要让不切实际的想法遮蔽住自己的眼睛，用务实的心态面对自己，面对世界，给自己一份诚信，你就可以看得更高，走得更远。

别瞎忙，有一个明确的目标

美国著名出版家和作家阿尔伯特·哈伯德先生说过，如果你并不想从工作中获得什么，那么你只能在职业生涯的道路上漫无目的地漂流。

没有目标的人就如同没有罗盘在大海中航行的水手，没有指南针在荒野中徒步的探险家。心中有目标的人，眼神坚定地朝着一个方向，无论他们遇到什么挫折或阻碍，都能排除干扰，坚定前行。

比塞尔是西撒哈拉沙漠中的一颗明珠，每年有数以万计的旅游者到这儿游览参观。可是在肯·莱文发现它之前，这里还是一个封闭而落后的地方。这儿的人没有一个走出过大漠，据说不是他们不愿离开这块贫瘠的土地，而是尝试过很多次，却没有一个人走得出去。

肯·莱文当然不相信种说法。他雇了一个比塞尔人，让他带路。他们带了半个月的水，牵了两峰骆驼，10天过去了，他们走了大约八百英里的路程。第11天的早晨，他们果然又回到了比塞尔。这一次肯·莱文终于明白了，比塞尔人之所以走不出大漠，是因为他们根本就不认识北斗星。

在一望无际的沙漠里，一个人如果凭着感觉往前走，不认识北斗星，没有一个目标就想走出沙漠，确实是不可能的。

他告诉他雇用的当地人："只要你白天休息，夜晚朝着北面那颗星走，把它当做你的目标就能走出沙漠。"这个名叫作阿古特尔的当地人照着去做了，三天之后果然来到了大漠的边缘。阿古特尔因此成为比塞尔的开拓者，他的铜像今天还矗立在当地。

阿古特尔按照指导，以北面那颗星为前进方向，最终成为了比塞尔的开拓者。其实，这正说明了目标的重要性。目标让我们知道要往哪里去，去追求些什么。否则，就会迷失方向，如同一个人迷失在茫茫的沙漠里。

很多人没有目标意识，抱着无所谓的态度去工作和生活。他们标榜努力工作，勤奋学习，但他们自己却不知道个人的目标，因而他们的行动大部分时候是盲目的，拖延成为他们最好的生活和工作方式。

一个心中有目标的人，是一个会高效执行的人；一个心中没有目标的人，只能是个拖沓的人。一个目标的树立会使人的天赋得到充分的发挥，使心中的激情与梦想喷薄而出，推动着自己马不停蹄地向成功迈进。而缺少目标的人大多数都只能漫无目的地四处游荡，做事拖沓低效，浪费了上天赋予的才华，最终一无所成。

目标是把痛苦转化为快乐的"炼金术"。没有目标的人生之路就像不知道终点的长途旅程，让人的内心充满了焦虑和煎熬，无法专注与高效地完成当下的任务。而如果明确了"旅途"的终点，就可以忍受达到目标之前的那段痛苦期，在困难面前保持斗志，直到战胜它，达到一个新的高点。在目标的带动下，四处游荡的痛苦变成了朝一个方向奔跑的快乐，把迷茫变成了清晰，把压力变为了动力，把拖沓变成了高效。

在行动前就应该限定目标，SMART 法则是最佳的选择。如果运用 SMART 法则来完成计划，科学执行的可能性就大大增加了。为制定科学合理的工作目标，我们介绍一下有关目标管理的 SMART 法则，SMART 由五个英文字母构成。

S——Specific：目标要具体

"做一个勤奋学习的人"不是一个具体的目标。"学习更多管理知识"更具体一些，但是还是不够具体。"学习更多人力资源管理知识"又更具体了一些，但是还不够具体。怎样才具体，要加上第二点：M。

M——Measurable：目标要可衡量

目标要可衡量，往往需要有数字，把目标定量化。"读三本人力资源管理的经典著作"就更具体了，因为它有数字，可衡量。

A——Actionable：目标要化为行动

"做一个勤奋学习的人"不是行动，"读三本人力资源管理的经典著作"是行动。但是，实际上"读"还只能算是一个比较模糊的行动。怎样才算读？读了 10 页算不算读？匆匆翻了一遍算不算读？所以，还可以继续细化为更具体、更可衡量的行动，"读三本人力资源管理的经典著作，并就收获和体会写出三篇读书笔记"。

R——Realistic：目标要现实

如果你从来没有读过任何一本管理著作，或者从来没有写过任何一篇读书笔记，那么上面的目标对你不现实。如果你是个刚接触管理知识的基层领导，现实的目标应该是先读三篇人力资源管理的文章。

T——Time-limited：目标要有时间限制

多长时间内读完三本书？根据你的实际情况，可以是三个月，可以是六个月。因此，加上时间限制后，这个目标最后可能变成："在未来三个月内，读三本人力资源管理的经典著作（每月一本），并就收获和体会写出三篇读书笔记（每月一篇）。"

通过 SMART 法则制定具体的工作计划和目标，执行就有了明确的指向。执行过程有了目标的指引，就要下定决心，不要理会前进道路上的障碍和批评，不要受不利环境的影响，不要去考虑别人怎样想、怎样说、怎样做，要专心致志、不懈努力地达成目标。在正确的方向上不断努力，最后才能收获结果。

勇于冒险，冲破内心的厚茧

一个卓越的人，不仅将他的工作安排得井井有条，甚至他的生活也被编排得丰富多彩。

生活中大多数时光都是平淡的，只有冒险才能让生活中少数的亮点更加精彩，令人回味。因此，卓越的人都会喜欢冒险，喜欢接触一些新鲜陌生的事物。

当然，冒险不同于鲁莽，二者是有本质区别的。如果你把一生的储蓄孤注一掷，采取一项引人注目的行动，在这种行动中你有可能失去所有的东西，这就是鲁莽轻率的举动。如果你由于要踏入一个未知世界而感到恐慌，然而还是接受了一项令人兴奋的新工作，这就是大胆的冒险。

没有冒险就很难取得成功，让我们敢于做第一个吃螃蟹的人吧！

吉列特就是一位敢于冒险的人。他生于美国，在德国长大。他26岁时来到美国纽约，选择了钢材原料与工具的进出口贸易作为自己的奋斗目标。这种业务就属于那种以自己的资金为赌注来做生意的冒险行业。

他所从事的行业充满风险和危机。事实上，钢铁市场行情涨落确实非常极端，常使从业者坐立难安！

一个青年胆敢单枪匹马来到一个陌生的地方从事如此一项充满冒险的工作，他的勇气从何而来？

古列特说："这种与钢铁有关的买卖发展需要很长的一段时间，且长久以来一直由厂商所垄断，像我这种'外来人'要想分一杯羹，可以说是毫无机会可言。因此，我必须冒险一搏。"

"冒险一搏才能赢"，就是古列特勇气与毅力的来源，其公司的建立便是根植在这种坚强的心理基础之上。

在他的公司创立不久，他被征召入伍了，但是战争结束后，他扩大营运规模，大大小小的钢铁制品他皆负责经营。一年的时间中，他至少有一半的时间在外奔波，忙于寻找新顾客与拓展新市场，并在投资与经营手段上连连使出冒险妙招，使公司的业务量直线上升。他有时甚至远渡重洋，飞往各国，与客户洽商。多年来，他一直过着一个星期工作6天，一天工作12小时的生活，辛劳远超过常人，但他仍然干劲十足。

到20世纪50年代末，古列特的公司已成长到每年有1000万美元的业务，收益在100万美元以上，他个人一年的平均所得达40万美元之多。

可以说，其公司业绩已相当可观。

如果古列特当初没有冒险之心，也许就不会取得今天这种成果。

古列特由于本身十分乐于迎接挑战，所以他敢于冒险去创造机会，从而得以与幸运之神相遇。

要想获取成功，就要有冒险的精神，用阳光心态，全神贯注地做好准备，随时出击，牢牢地抓住机会。

世界的改变、生意的成功，常常属于那些敢于抓住时机、适度冒险的人。有些人很聪明，把不测因素和风险看得太透了，不敢冒一点险，结果聪明反被聪明误，永远只能"糊口"而已。实际上，如果能从风险的转化和准备上进行谋划，则风险并不可怕，相反，适度的冒险也许能为你带来财富和幸运。

打败懈怠，培养进取心

　　舒适的诱惑和对困难的恐惧征服了许多人。进取心如果不能持之以恒，并不总是能战胜懈怠这个大敌，不能把人们一如既往地引向更美好的事物。而懒惰则是安于平庸的先兆，所以，进取心的第一个敌人是懈怠。

　　数十年前，高中毕业下乡插队的张女士顶替父职到某企业工作，先后当过工人、车间调度、总公司办公室收发兼档案管理，饱经风霜的她任劳任怨。近年来，企业经营不景气，单位进行机构改革与调整，此时此刻，她猛然意识到自己年龄大、学历低，又无专长，下岗的忧患时刻威胁着自己。她思虑再三，决心在短期内掌握一技之长。

　　平常在工作中她帮打字员校对文稿，发现那位打字员不仅打字速度慢，而且错漏百出，校对后还要耗时修改，工作效率很低，公司里的几位老总都对其不满。看来，换人是迟早的事。

　　于是，张女士利用空闲时间苦练电脑打字技术，这对40多岁的她来说确实不容易。经过大半年时间的刻苦学习，她的录入速度提高到每分钟50字，而且准确率相当高，几乎可以免除校对了。文稿排版美观大方，文字摆放疏密有致，令人赞不绝口。

　　不久，一位学档案管理专业的大学生接替了她的工作，她则被聘为办公室打字员。而那位比她年轻十多岁的前任则无可奈何地下了岗。

可见，想在这个社会上赢得一席之地，就必须养成居安思危的习惯。如果做一份什么人都可以做的工作而又不思进取，那么说不定什么时候就被人淘汰了。

人皆有惰性，一旦条件优越，就难免不思进取。然而，一个人要想在异常激烈的社会竞争中不被淘汰，还是有一点危机意识的好，这样就可以未雨绸缪，主动出击，多一点生存的技能与智慧，对未来就多几分机会与把握。

在社会需要的压力下，在人类渴望美好事物的进取心的指引下，人类文明获得了长足的进步。只要我们尽力做好本职工作，不断付出努力，尚未实现的理想终究会变为现实。

推动生命向上的力量，也使别人对我们充满了信心。人们不沉溺于过去，不满足现实的所有，而是努力地走向更高、更舒适的位置，努力学习新的知识，努力把自己塑造得更加优雅和高尚，努力获得更多财富和追求更高的社会地位。

生活中，一些极富潜力的人满怀希望地出发，却在半路停了下来，满足于现有的温饱和生存状态，选择放弃、逃避、退却。他们忽视、掩盖并且放弃前进，这样他们就失去了这一力量的引导，他们同时也失去了生命向他们提供的许多东西。他们都是易于满足的人。满足于现状者的典型特征就是放弃攀登，他们无视山峰为他们提供的机会，永远欣赏不到山顶的景色，然后庸庸碌碌地度过余生。对于一个满足现状的人来说，他没有任何更好的想法、更美的愿望，他不知道是不满足造就了人类伟大的精英。

　　只有当我们不满足于现状时，我们才会分享到进取心带来的无穷力量。

提升自我，拯救万千心灵的人生修炼课。